どんぐりの森から

～原発のない世界を求めて～

武藤類子 著

緑風出版

編者前書き

二〇一一年三月十一日以来、私たちは、福島を中心とする地域で被曝しながら生きることを余儀なくされている、多くの人たちの発言に耳を傾けてきた。「私たちが伝えないで、誰がこの状況を伝えるのか」という思いからか、語りを職業とするわけではない多くの人々が、近隣を回り、駅頭に立ち、首都圏に通い、あるいは全国を巡って、切実な思いを言葉にし続けている。

福島県三春町の武藤類子さんも、そうした中の一人である。類子さんはチェルノブイリ以後、脱原発の運動を長年続けてきた。そうは言っても、類子さんは山のふもとの小さな喫茶店の主にすぎなかった。店を開く前には、養護学校の先生だった。講演も、街頭演説も、したことがなかった。力を誇示するのとは違った生き方を、追い求めてきたのだった。

本書の冒頭に収録されている「三春町から…怒りの報告」が、類子さんが人前でした始めての講演である。数カ月後には、類子さんは福島の女たちの中心的な存在の一人として全国を飛び回るようになる。３・11が類子さんの立ち位置を否応なしに変容させたのだということになるのだろうか。

しかし、本書を繙《ひもと》いていただければお分かりいただけるように、類子さんの語り口は「活動家の演説」からは遠く隔っている。類子さんは人を言葉で引き回そうとは決してしない。一語一語、あくまでも穏やかに紡いでいく言葉には、可能な限りまっすぐに状況を受け止めていこうとする姿勢が貫かれている。

私が本書を編もうと考えたのは、類子さんの言葉に繰り返し感動したからであって、それ以外ではない。この三年間、日を追って状況が不透明になっていく中、類子さんが飛び回って発してきた言葉は膨大な量になる。その何分の一かが録画・録音として残されている。入手できたもののうちから、普遍性を持つと考えられるものを中心に取捨選択した。

なるべく発話されたままを忠実に再現したつもりではあるが、講演特有の冗長な部分や言い間違い、曖昧な部分などもあり、録音の聴き取りにくい個所もあるなか、多少、文章を手直ししたばあいもある。

日本という国家が国民を助けないものであることが明白になりつつあるが、福島の人たちを「棄民」の構造の中に打ち棄てておくわけにはいかない。そうした中、弱い存在でしかない私たち一人ひとりが言葉によって繋がりあうことは、貴重な体験であると信じる。

時に怒り、時に苛立ち、戸惑いながらも、冷静さ、温かさを失うことのない類子さんの言葉が現在の困難に立ち向かう多くの人々への励ましになれば幸いである。

二〇一四年五月

竹内雅文

目次

どんぐりの森から——原発のない世界を求めて

第一章　自然を求めた暮らし、しかし原発震災が襲ってきた

1　三春町から……怒りの報告

〔編者より〕二〇一一年五月四日、「すべての原発を停止・廃止に！　五・四集会」（東京都北区・岸町ふれあい館）より。この集会では、「ハイロアクション福島原発四〇年」というグループで以前から一緒に活動していて、大熊町から避難をしていた大賀あや子さんと並んで報告をした。３・11の後、類子さんが人前でまとまった話をしたのは、この日が最初である。

今日は。

三春町《みはる》というところから来ました武藤類子と申します。私の住んでいるところは福島第一原発から四五キロぐらいなんですね。喫茶店をやっています。山の中の小さな喫茶店です。三月十一日当日、地震が来た時にはちょうどお店にいました。

あや子さんが言ったように、すごい地鳴りがして、こんなに揺れたのは始めてっていうぐらい揺れました。一〇分くらいクルマで行ったところに母親が一人でおりますので、その母を連れに行って、またお店に戻ったんですけれども、いろんな状況がまだよく分かってなかったですね。

ただラジオで原発は緊急停止したっていうことだけは聴きました。余震がものすごくて、その度に外に行ったり机の下に潜ったりしていたんですけども、夕方になって原発の冷却装置がすべて失われた、電源が失われたっていうのを聴いて、「あ、もうこれは大変だ！」って思ったんですね。

それでさっきあや子さんも言ってましたけれども、昨年（二〇一〇年）、その電源喪失の事故(1)っていうか、「あわや……」っていう事故があったので、もう電源喪失の恐しさっていうのはものすごく感じていましたし、昨年、広瀬隆さんが「原子炉時限爆弾(2)」っていう本を八月に出されていました。地震があって、津波があって、そして放射能が降り注ぐんだっていうことを、浜岡原発を想定して書かれていたんですね。

その本を読んでいたので、もうちょっとこれは大変だって思いました。それで、まったくメールも電話も繋がらなかったんですね。ところが一回だけ繋がった電話があって、一緒にずっと活動してた、今いわき市にいる佐藤和良《かずよし》さんっていう人です。「これはメルトダウンだね」っていうふうに彼が言ったので、「ああ、そうなんだ」って思いまして、電話も何も通じないので、三春町

(1) 二〇一〇年六月十七日、福島第一原子力発電所二号機で電源喪失事故があり、原子炉は緊急停止している。水位が二メートルほど低下したと言われていて、かなり危険な状態に向かっていた。
(2) 広瀬隆著『原子炉時限爆弾』ダイヤモンド社、二〇一〇年刊

内に住んでいる子どものいる友だちのところをパーッっと回ったんです、何軒か。そして、これはもう駄目だよ、逃げた方がいい、とにかく逃げた方がいいよっていうことを言いました。私たちはそれでもまだ暫くはできることがあるんじゃないかと思って残ろうとしてたんですけど、私の連れがすごく年が若いもんですから、置いときたくないっていう気持があって、クルマに八十七歳の母親と、犬と彼とを積んで、夕方……もう夜になってからだったんですけど、出発しました。

とにかく、なるべく西に逃げようと思いました。遠ざかるしかない、二十五年ずっと反原発の運動をやってきて、放射能から逃がれるためには遠くに行くしかないんだって、頭に叩き込んでいましたので、それで西に向かって行きました。ものすごい吹雪だったんですね。雪の中を運転して、会津若松まで行きました。そこまで行きましたら、今度は新潟で地震があったんですね。それで、はたと、「これはいったい何処に逃げたらいいんだろう?」って思ったんですね。広瀬さんの本で、大きな地震が来る時代に入ってるっていうのを読んでたものですから、これはものすごい地震が日本中で起るんじゃないかって思って、それでもうちょっと、何処に行こうかって思ったんですね。

それでその次の日の朝ですね、ちょっと避難所みたいなところに行ってテレビを見たらば……(大賀さんに) その時、もう一号機、爆発してたんだったかなあ? 十二日。

大賀:十二日の午後、爆発。

類子:うん。それでもう十二日に、とにかく一回戻って、自分の行き先を見極めよう、そしてまあ、やれることがあるかも知れないって、一旦、三春に戻ったんですね。それで、自分の店にいましたけれども、とにかく、余震が来るんですね。あの、現在でも毎日、地震があるんですけども、余震が来るものですから、そしてテレビは……もともとテレビないんですけど、インターネットで小っちゃいテレビ映すようにしてくれたもんですから、夫が。そのテレビをズーッと見ながらいたんですけども、爆発があって、ベントがあって、そして、十三日……十四日。十三日だっけ、三号機は？

大賀：十四日。

類子：十四日に三号機がとうとう爆発したっていうのを……十四だよね……御免なさい、もうね、混乱状態でちょっと忘れてしまったんですけど、

会場から：十四。

類子：十四ですよね。それをテレビで見て、もう本当にこれは駄目だって思ったんですね。その間もずっといろんな人にメールとか電話は出し続けて、「とにかく遠くに逃げて！」っていうのをメールで送り続けてたんですけど、とうとうその日に、これ以上ちょっと我慢できないっていう状況になって、またクルマにいろいろ積みまして、そして山形に行こうって。山形で、「来てくれていいよ」って言ってくれる人がいたもんですから、そちらに逃げようっていうことになって、お昼過ぎに三春町を出ました。

福島市で友だちと落ち合いまして、その家族と一緒に山形に向かって一気に走っていったんで

すけれど、その日の夕方、たまたま三春町で知り合いの方がガイガーカウンター持ってたので、その方に連絡を取ったら、三春もどんどん数値が上がってるっていうふうに聴いたんですね。それで、「ああ、本当にもう放射能が来てて、間一髪で私たちは逃れられたんだ」っていうのが分かりました。で、その人はマスクにも付くし服にも付いてるしっていうことでした。

それで私たちはとにかく山形に逃がれて、もうまったく見ず知らずの方の……まあ一緒に行った人の知り合いだったんですけれど、その方のおうちに寄せていただくことになりました。それから一カ月そこにお世話になったんですけど、本当に、親切なお宅で、犬から何から全部、家に入れてくださいました。私たち、全部で九人がそこでお世話になったんです。それで、そこで毎日、ご飯を作ったり、子守をしたり、いろんな方にメールを送ったり……。

メールはたくさん来てて、一カ月で約一〇〇〇件以上のメールが入りました。私の方も五〇〇件以上出しました。来たメールをこの人にはこれ、この人にはこれって振り分けながら、メールをし続けて、携帯一個でし続けていたんですけれども、で、それからもう、電話も二分おきぐらいに入りまして、皆もう、どうしていいか分からないっていうふうな混乱状態でしたね。

で、私は（出発前に三春の）町の中を回って来たけれども、巡り切れないところももちろん沢山あったし、沢山、その町に残っている人のことを考えると本当に辛かったです。で、その一ヵ月の間、避難している間に、さっきあや子さんが言ったように[3]いろんなアクションをやったんですけれども、何て言うか、自分が逃げたっていう罪悪感から本当に逃がれられなかったです。すごく辛かったです。

で、まあ、そうこうしているうちに、一カ月たちまして、八一七歳の私の母が、もうその避難生活に我慢できなくなってしまったんですね。他の方々にいろいろお話を聴いても、年齢のいった方が避難するって本当に大変なことなんですね。私の従姉妹のお姑さんは避難している間に認知症が進んでしまって、徘徊が始まってしまったんですね。それで入院してしまいました。そういう方のお話をたくさん聴きました。

それで半月くらいたった頃に、母は仙台の従姉妹のところに引き取ってもらったんです。仙台市の若林区というところだったんですけれど、津波が来たところから三キロほどしかないところです。母の避難中に、仙台ではまたものすごく大きな地震があって、窓ガラスが全部割れてしまったりしたんですね。それで、母もぐったり疲れてきたんですね。「どうしようかな」って悩んだ

（3）大賀あや子さんはこう語っている：「地震のその日から、色々と避難の情報とか、県外に向っていろいろアピールすることとかっていう活動をしてきましたけれども、もう一、二週間で、福島市、二本松、大玉、本宮、郡山でかなり汚染が強いので、そういうところの避難を求めるということ、特に妊婦さん、子どもさんの避難を求めるということを一番にあげて、ずっと活動を続けております。三月二十五日にハイロアクションで、避難していた人それぞれもう立ち上がって、もうまったくそんなことしたことないメンバーも一所懸命やって、福島県庁はじめ全国一〇カ所で記者会見・声明発表等しました。そこで私たちが挙げたことがほとんど何もされていないので、今でも有効な声明になってしまっています、残念ながら」。

状態のまま、ズルズルと日を延ばして、「もうちょっと」「もうちょっと」ってしてたんですけど、もう我慢ができないっていうことになって、「帰ろうかな」ということになりました。

三春には、避難しないで残って活動している人もたくさんいましたし、私が戻って何かできることがあるかもしれないって思ったことと、一カ月も付き合って逃げてくれた母を、一番いい状態のところに置いてあげたいっていう思いもあって、三春に戻りました。

一カ月離れていた間は比較的クリアに、自分のやれることができたんですけれど、戻った途端に混乱状態に巻き込まれてしまいました。皆ものすごく不安を抱えてはいるものの、普通に生活をしているんですね。ちょっと見は普通なんです。でも、やはりどっか皆、違うんですよ。やっぱり恐怖と混乱の中にいるんだなってことを、すごく感じました。

そうこうしているうちに、段々戻ってきた仲間もいまして、その中で小さい集会を開いて、皆、どんなことを不安に思っているか、知りたいこと聴きたいことは何か、そうしたことを丹念に聴きながら小っちゃな集会を重ねていきました。そうやって自分たちの持っている情報を互いに共有しあうというのを幾つかやってきたんですけれども、その中でやっぱり子どもを持ったお母さんたちが一番、不安に思っていらしたようでしたね。

いろんな避難情報を山形にいた時から出し続けていたんですけれども、実際に避難するのは本当に難しいようでした。自分で危機感を持っている方はどんどん外に逃がれて、もう新しいところで仕事を見付けた方とかもいらっしゃるんです。けれどもなかなか逃げられない。その理由は、やっぱり、お年寄の介護がある、それから仕事がある、特に男性の方の仕事があって、お母さんと子どもは逃げたいけれども、父親は仕事があるから反対だったりします。

それからですね、福島県はすぐに「安全キャンペーン」っていうのを張ったんです。で、放射線健康アドバイザーっていう方を三人、県で雇ったんですよ。(4) その方々がいろんな町に行って、「放射能は大丈夫です！」っていうキャンペーンをしたんですね。それはね、本当に罪深いことなんです。

さっき地図の中にあった飯館村《いいたて》というところにも、即、行ったんですね、その方は。それから川俣町にも行ったんですね。で、こんなにまっかっかな状態なのに、「放射能はこの程度では大丈夫です」そして「裸で歩っても大丈夫です」(会場、どよめく)「子どもに母乳を呑ませても大丈夫です」っていうようなことを話して歩いたんです。福島市はそれをもとに「市政だより」を作って、市民全員に、「放射能は怖れなくても大丈夫な程度です」って話したんですね。それで安心してしまった人がたくさんいるんです。そうして今までマスクをしていた人もマスクを外し、子どもは外に出ました。「子どももどんどん外に出て遊ばせてください」って言っていたんです。

大賀：付け足していい？

類子：うん、いいよ。

---

(4) 福島県放射線健康リスク管理アドバイザー。二〇一一年三月十九日に山下俊一氏と高村昇氏が、四月一日に神谷研二氏が、それぞれ任命されている。

大賀：ちょっと付け足すと、やっぱり福島県は田舎で、インターネットも普及してませんし、新聞は八割方は地元紙で、『福島民報』『福島民友』は東京電力が一大スポンサーなんですね。従来から原発推進でしたから、もちろん一面トップで「原子力アドバイザーがこのようなお話しをしました」と。

もう一つだけ付け加えると、広島大、長崎大の人なんですね、この三人は。[5]「やっぱり広島・長崎の方々は被爆者の立場で言ってくれるだろう」っていう先入観が、皆さんも軽くありますよね。まあＡＢＣＣ[6]とかね、こう、きちっと考えていらっしゃるかなって。中には広島・長崎でもね、よくやってくれた科学者もいらっしゃるから、司会者が、「実はこの先生は被爆二世なんです」とかって言うと……そして全然、科学者臭くなくて、すごく話が上手い、ソフトな……「山下教」と言われているんですけれど……。

類子：そうなんですね。そうした方がいろいろお話ししたために、皆、安心して、「じゃあ、逃げなくても大丈夫じゃないか」って思ったことも確かだと思います。たまたま昨日、二本松市でその方の講演会があるっていうので、出掛けていって聴いてみました。

その人もね、たくさんいろいろなところで、インターネットとかで叩かれたんではないかと思います。二〇ミリシーベルトのことが問題になって、テレビでもやってましたし、原子力委員会からも「私たちがそう言ったわけじゃないよ」とか、いろいろでてきましたね。小佐古さんという方が辞めたりとか、いろんなことがあったものだから、彼は「まったく大丈夫です」っていう言い方をやめたんですね。そしてものすごく巧妙に、「大丈夫ですけれど、線量を低くする努力はしなければなりません」とか、「私が決めたわけではありませんが、これは国が決めたことなので、私は日本人としてこれに従います」とか、そういう言い方をしているんですね。

もう本当にその人の罪は深いなって私も思いました。昨日、その会場の方がね、思い余って「あなたのお孫さんをここに連れてきて、砂場で遊ばせられますか？」って言ったら、「はい、遊ばせます」ってその方はおっしゃっていました。もちろん、そんなことをして欲しくはありませんけれども、そんなふうにおっしゃっていました。そういう「安全神話」みたいなもの、「安全キャンペーン」みたいなものを張った、その成果はすごく大きいようですね。そういうことがいろいろあったんです。

さっきの話に戻りますが、避難を巡って、家族の中でいろいろと意見が合わなくなるわけですよね。家族に亀裂が走るんです。職場でもこんなことがあります。私の友だちの例です。公務員で学校の教員なんですけれども、学校にたくさんの避難民が来ました。郡山市で、線量が高いところなんですが、そこにも避難民が来ているわけです。学校の先生たちは皆、泊り込みでその世話をしているわけですね。

（５）山下氏、高村氏は長崎大、神谷氏は広島大。
（６）Atomic Bomb Casualty Comission（原爆傷害調査委員会）一九四六年にアメリカが広島に設置した。被爆者を検診して健康データを収集したが、治療等、被爆者に寄り添った活動はいっさいしていない。

また、「せめて若い先生たちだけでも、休みを取らせて遠くに行かせて欲しい」って私の友人は学校に頼んだんですけれども、「それは職場放棄になるから、免職を覚悟で行け」と言われたそうです。小さな子どものいる先生が「とても自分の子どもは郡山に置いておけませんから、私は暫く休ませてください」って言って、学校を出ようとしたら、同じ職場の人が玄関まで追い掛けてきて、「お前、本当に逃げるのか！」って罵声を浴びせ、その人の机を蹴飛ばしたと聴いています。

そんなことが各所で起こっているわけですね。意見の違いから家族に、夫婦に亀裂が走ります。また子どもが、避難した子どものことを「あの子はズルい」って言ったりとか、子どもどうしの間にも、亀裂が入っていくわけですね。いろんな問題を引き起こすんです、この原発の事故っていうのは。放射能の問題だけじゃなくて、人と人との関係性っていうものまでかかわってくる、本当にそういうものだってつくづく思いました。

最近ですけど、こんなことに気が付きました。最初のうち避難所とかには、いろんなところから食物とか野菜とか届いていて、スーパーにも結構、よその県のものとか入ったんですけども、今ね、「福島県の農産物が駄目になる！」っていう感じで、「頑張れ福島！」っていうキャンペーンが出ているわけですよ。それで「福島県の野菜を買おう！」っていう動きになってるわけです。東京とかでも売られているようですけど、スーパーに今行くと福島県産、それから茨城県産、そして千葉県産。皆ね、放射能が通ったところのものなんです。それ以外はフィリピンのオクラとか、アメリカのブロッコリーとか、まあ、ちょっと普通、私は多分、買わないだろうというものしかないんですね。

牛乳に至っては県内産のがパーっと出てますし、学校ではもう牛乳給食が始まりました。だから、「外部被曝している上に、内部被曝もしろと言うのか？」っていうふうに思います。

だから新鮮な葉物とか、今の季節だと本当ならばクキタチ[7]とか、美味しい柔らかい野菜がいっぱい出てるし、私の店のまわりにはタラの芽もあれば、ウルイ[8]もあれば、コゴミもあれば、本当に野菜なんて何にも買わなくても、そういう山菜を食べられる時季なんですよ。そういうのが何も食べられないという状況です。

東京の人たちも、そうやって福島を応援するために買ってくださっているかも知れないけど、私は食べて欲しくないですね。「買わないでください」ってやっぱり言いたいです、私は。

大賀：食べる応援でなくて、補償を完全に受けられるように……もちろん、お金じゃあ、農地が使えない、復興できないっていう心の痛みはカバーできないけども。「食べる応援」じゃなくて、食べる以外のことをすべて、応援をして欲しいっていうふうに、何時もテレビを見たりして……もう今、電車の中にも「風評被害をやめましょう」キャンペーンの政府広報があって、これは風評被害じゃなくて、実害ですっていう、とても良いコラムを書いている方がありましたね。

（7）アブラナの若い茎を摘んだもの
（8）オオバギボウシの若葉

類子：そうですよね。その基準値以下であれば、じゃ、三〇〇が駄目なら二九九なら良いのかっていうことじゃないと思うんですよね。

ガイガーカウンター、買ったんですよ、ネットで一一万もしたのを。本当に東電にツケを回そうと思いますけども、これで測ると、空中と地面はまったく違うんです、数値が。

私の本当にささやかな小っぽけな畑だけども、その土も高いんですね。で、そこではやっぱり今年は作物が作れないって思っています。そんなことで私はもう、自分の店は暫くって言うか、もうやれないなって思ってます。郡山市で飲食店をやってる友だちも止めました。喫茶店やってた友だちも止めました。そういう意味では、仕事も失いました。

友だちも皆、散り散りになっていなくなってしまいました。本当に、「友だちを返せ！」っていう感じなんですよ。まあ、そんなこんなで……すいません。原発の問題っていうのは、何て言うのかな……本当にいろんなことを引き起こします。

そうなんですね。でも「計画停電」とか言っても大してやらなかったでしょう？　他の原発も動いているでしょう？　それはやっぱり電気を使う人がいるから動いているんですね。、電気そのものが悪いとはもちろん思いません。けれども、せめて皆が今、家の電化製品を一人一つずつ、無しにしたらどうなんだろうかって思います。

家庭で使われている電気は大したことはなくて、本当は産業で使われてる方が多いですけれども、でも一人ひとりが皆、この生活が本当に間違ってるんじゃないかっていうふうに思えば、社会って変わると思うんですね。だから一人ひとりがやっぱり、今回の福島原発の事故の当事者だって思っていただければいいなって思います。それでなければ世界は変わっていかないと思ってます。

本当に3・11から世界は変わりました。まったく日常、変わらない人たちもいるけれども、そうじゃないんです。本当に世界は変わったんだと思います。被曝後の世界をどう生きるかっていうことを、これから本当に一人ひとりが考えていかなければいけないなって思ってます。

2　どんぐりの森から

〔編者より〕二〇一三年四月二十三日、高知市男女共同参画センター《ソーレ》大ホールで行なわれた、「原発事故から二年：いま福島で起きていること」（主催：原発をなくす高知県民連絡会）より。この「どんぐりの森から」という題の話は一時期、各地での類子さんの講演に必ず含まれる《定番》であった。

ここからは短い時間なんですけれども、私自身のお話をちょっと聴いていただきたいと思います。

私は、一九八六年にチェルノブイリの原発事故があったんですけれども、その時に始めて原発の危険性が分かったんですね。それまでは本当に何も知らなくて、関心もなくて、無知な人間でした。福島県には一〇基原発があったんですけれども、その一〇基あったということすら分からなかったんですね。それで、あの事故が起きて始めて原発の危険性を知って、真っ青になって、大慌てで原発の反対運動というものに飛び込んでいきました。

で、小さなグループを作って、講演会をしたりとか映画会をしたり、そんなことをしていったんですね。ちょうど日本中で原発の反対運動が盛り上がりまして、伊方の問題とか、そういうことで本当に盛り上がっていきました。で、そういう中でですね、でもやっぱり九〇年、九一年を過ぎると、段々こう、人々の関心も薄れていくんですね。そういう中でまたどんどん原発も増設されていって、六ヶ所村の核燃料サイクル施設が作られたり、そういう情勢になっていきます。

その中で、本当にどうやったら原発を止められるんだろうっていうことを、自分なりにいろいろ考えました。そこで、自分で行き着いたのが、まず、自分の暮らしを考えてみようということだったんですね。自分の暮らしを変えてみるということから始めようと思いました。そんな時に、ちょうど出会ったものがあります。日本で最大の広告代理店である電通というところがありますね、その電通がもっている、「消費のための一〇か条」[1]というものを読むことだったんですね。それは私たちにモノを買わせるために立てられた対策なんですね。例えば、「飽きさせろ」とかですね、「流行遅れにさせろ」とか、「無駄に買わせろ」とか、そういうことが一〇カ条、書いてあるんですね。それを読んで本当にビックリしたんですね。ビックリというか、すごくショックだったんですね。自分が好きで買っていると思っているモノでも、それはもしかしたら、何かの路線に乗せられて、買わされてきたのではないかっていう思いがものすごくしてきて、悔しかっ

---

(1)「広告戦略十訓」と言われるもので、電通の子会社「電通パブリックリレーションズ」が一九七〇年代に作ったとされている。次の一〇項目である：もっと使わせろ　捨てさせろ　無駄使いさせろ　季節を忘れさせろ　贈り物をさせろ　組み合わせで買わせろ　きっかけを投じろ　流行遅れにさせろ　気安く買わせろ　混乱をつくり出せ

たんですね。
自分に対しても腹が立ちました。「消費者でいる」というだけの人間でいたくないなって、その時に思って、始めたのが何故か、山の開墾だったんですね。で、これからちょっと山の開墾の様子を見ていただきたいなって思います。

（この後、講演会ではスクリーンに写真を映し出しながらの説明が続いた。それが本書三〇ページに始まる①から㊻である。その最終カットの後で、以下の文章が朗読された）。

冬枯れの柴山を背景に、音もなく降り続ける雪が、野原も小屋も真っ白に染めていきます。福島原発事故から二年がたとうとしている、私の家の前の風景です。未だに毎時〇・二マイクロシーベルトを計測する放射性物質が確実に存在していますが、それでもなお、美しい森です。私は原発事故が起きる前まで、福島県の阿武隈山地の中にある雑木の森で細々とカフェを営みながら暮らしていました。カフェの名前は里山喫茶「燦《きらら》」と言いました。人生には様々な波があり、私にもドドンと落ち込んだ時期がありました。そんな時に始めたのですが、何とか気を取り直し、今から燦《きら》めくような人生を生きようと付けた名前でした。森にはコナラ、サクラ、ウルシ、カエデ、ヤマボウシなどの広葉樹があり、秋には色取り取りに紅葉し、冬には一枚の葉も残さずに落葉した枝々が、夕焼けの空に映えました。早春のパステルカラーの芽生えは、夏至の頃には圧倒的な深緑になりました。四季折々の光景の中で、私は、何て美しい森に暮らしているんだろうと、一人、呟くことが何度もありました。森にはいつも小さなドラマがありました。私は日々観察しては驚嘆し、森の暮らしは退屈することはありませんでした。原発事故以来、私はほとんど戸外で暮らすことがなくなりました。草の匂いも、せせらぎの音も、割った薪が乾く時にピンピンと奏でる音も、頬を撫でる風も、甘酸っぱい木苺の実も、雪の上の獣の足跡も、窓ガラスの向こうの世界のものとなりました。どんなに美しくても触れることのできない世界は悲しいものです。原発事故のもたらしたものは、人類だけに及ぶものではありません。地球に生きる生き物としての私たちは、今からどんな世界を作っていったら良いのでしょうか？

この文章を書いている間に、夕闇が迫ってきました。雪は二〇センチほども積って、今は止んでいます。昇ってきた月の光に照らされて、透明な青い世界が拡がっていきます。深く考えなければいけない時です。

原発事故について、私の拙い話でございました。どうも長い間、有難うございました。

どんぐりの森から

①これは、山を開墾する前の何もない雑木林です。

②山の木をチェーンソーで切りまして、皮を剥いて柱を作っているところですね。

③これはちょっと真後ろで分かんないんですけども、重機がまったく入らないような山だったものですから、鍬で土を掘り始めたところなんですね。

④さっき作っていた柱を、穴掘り機で穴を一つずつ開けて柱を立てていって、横の木を渡して、鍬で掘った土を出して、平らな土地を作っているところなんですね。高いところですから、見晴らしの良いところなんですけれども。

⑤こうやって鍬でどんどん掘ってたんです。斜面に鍬の跡があると思うんですけど、平地を作っているところです。

⑥こうやって猫の額ほどの土地を作るのに、3年の月日がかかったんですね。こんな小さな土地ができました。

⑦土地ができたので、ここに住んでみようかなと思って小屋を作ってるところなんですね。これは物置のキットです。それを買ってきて組立てているところです。今よりだいぶ細かった時代なんですけれども、42歳ぐらいの時です。

⑧こうやって小屋ができて、灯油ランプとガスストーブだけで暮していました。脇の方に、一番左側に流し台が見えるんですけど、落ちていた流し台を拾ってきまして、ここで暮らしました。桜の枝を削って燻製を作っているところなんですね。トイレはなくて、穴を掘って、鉄板で蓋をしてたんですね。でないと、犬が食べるんですね。それはそれで完結していいかなと思ったんだけど、その犬が食べた口で私を舐めるので、それがとっても嫌で、鉄板の蓋をしました。

⑨やがて3年ぐらいたって、もう少し大きな小屋ができて、ほとんど最初の小屋の時は外で暮らしていたんですけれども、家の中で炊事なんかもできるようになったダイニングです。

⑩これはストーブで焚く薪を割っているところなんですね。下に白いポリタンクがあるんですけども、ここに夏は水を入れます。そして日向に出しておくんですね。夕方になれば熱くなってるんですね。それをジョウロに入れて、水を足して、シャワーにすると、夏はそれでお風呂になったんですね。

⑪開墾している時に私は養護学校の教員をしていました。20年くらいやったところでやっぱり、その組織というものに非常に疑問を感じて辞めたんですね。その時に退職金をちょっともらって、これは大工さんに建ててもらった家です。手前にソーラーパネルがあるんですけど、これでこの家の電力の半分ぐらいを自給していました。

⑫さっきのソーラーパネルで電気を作って、これが夜、灯りを灯したところなんですね。

⑬ソーラーパネルが……さっきのは 550 ワットのシステムだったんですね。独立型と言いまして、電力会社と売ったり買ったりする、そういうシステムではなくて、バッテリーに蓄めて、あるだけ使うというシステムでした。で、これは一番最初に自分が試してみたシステムなんですね。パネルが 1 枚。これ、55 ワットのパネルが 1 枚ですね。それから、友だちに障害もってる人が何人かいて、電動車椅子のお古のバッテリーを貰ったんですね。それに、自分が乗っていたバイク……古くなったバイクのテールランプを外しまして、それで電気を 1 個点けるっていうところから始まったんですね。非常におもしろかったですね。あのう、学生時代にぜんぜん勉強しなかったので、電気のことなんかぜんぜん分からなくって、電圧と電流の違いもよく分からないような人間だったんですけれども、ちょっとだけ勉強して、そうすると非常におもしろくなってくるんですね、自分で電気を作る……自分で作ると言ったって、太陽が作っているんですけれども、おもしろかったです。
⑭これも最初に作った小屋で使っていたシステムです。パネルが一枚と、それからバッテリーと……パソコンの中に小っちゃなファンが内臓されてるんですけれど、それを古くなったパソコンから取り出して、換気扇を作ったんですね、小屋の。大工さんに建ててもらった先ほどの大きな家のところでは、だいたい灯りが全部ですね、それから井戸の水を揚げるモーター回すこと、それからステレオですね、それからパソコン、そしてコーヒーの……喫茶店をやってたんですね、そのコーヒー豆を挽くもの。それから天気のよい日に、洗濯機が動いたんですね、全自動の洗濯機が動きました。洗濯してない時に掃除機を動かすことができるし……そういうシステムでした、うちは。使えなかったものは何かと言うと、冷蔵庫、それから水洗トイレの浄化槽に風を送るファンと言うか、ブロアーっていうのがあるんですが、それが駄目でした。何故かと言うとそれは 24 時間動かすものなんですね。太陽は夜は出ないです。それでなかなか電力が賄えなかったんですね。もちろん、冷蔵庫の消費電力って非常に大きいですので、元々無理だったんですけれども、そういうふうに電力の自給を半分ぐらいはやっていました。

⑮これがバッテリーですね。ソーラーパネルも中古のを使ったんですけど、再生バッテリーというのがありまして、損壊してなければ一回だけ再生ができるんだそうですね。そうするとゴミになるものも少ないし、値段も安いですね。そんなものを使っていました。

⑯その他のエネルギーとしては薪を使いました。これは自分の山から切り出した薪もあるし、よその家で要らなくなったものを軽トラで行って貰ってきて薪にしていました。手前にいる黒いものは野生のミンクです。タヌキとかキツネとかミンクとかテンとか、そんな生き物がいるところですね。この薪をとにかく夏の間どれだけ集められるかによって、冬の暖かさがぜんぜん違うんですね。薪ストーブを使っていましたので、薪がたくさんあると、冬は暖かく過ごせました。この薪にも、放射性物質が降りましたね、2011年。まったく全部、使えなくなってしまいました。薪そのものを粉砕したら、900ベクレルぐらいだったんですけれども、燃やしてみたら灰が9000ベクレルになったんですね。友だちのところでは、野晒しにしていた薪の場合には3万ベクレルになってしまったんです。非常に、燃やすと濃縮されます。

⑰先ほどの薪を使って、奥にあるのが薪ストーブです。それで、熾《おき》ができると、手前にある火消し壺に入れて、消し炭を作って、そして朝なんかは七輪側に入れて、すぐ火が起こるとそれでご飯を炊いたりお湯を沸かしたりしていました。

⑱これは薪ストーブを使ってご飯を炊いたり、それから湯たんぽを温めたり、一番左にあるのは石なんですけれども、一日、石を温めておくと、夜寝る時にそのまま袋に入れてね、抱えると非常に暖かいですね。こんなふうに、電気ストーブもいらないし、電気釜も電気毛布もいらない暮らしでした。

⑲これは私の母が持っていた炭のアイロンなんですね。服にはアイロンなんか掛けないんですけれども、ちょっと縫い物とかする時にアイロン要りますよね。それでこういう物を使ったりもしていました。

⑳これは私が子どもの時にどこの家にもあった、「蒸し竈（かまど）」というご飯を炊くものなんですね。これは陶器なんです。素焼きのものなんですけれども、これでご飯を炊いてたんですね。この中には炭を入れたり、籾殻を入れたり、いろんなバージョンがあったんですけれども、それが物置の中に眠っている家があったので、そこから貰ってきて、これでご飯を炊いたり、ちょっと改良してパンを焼いたり、お菓子を焼いたりしていました。

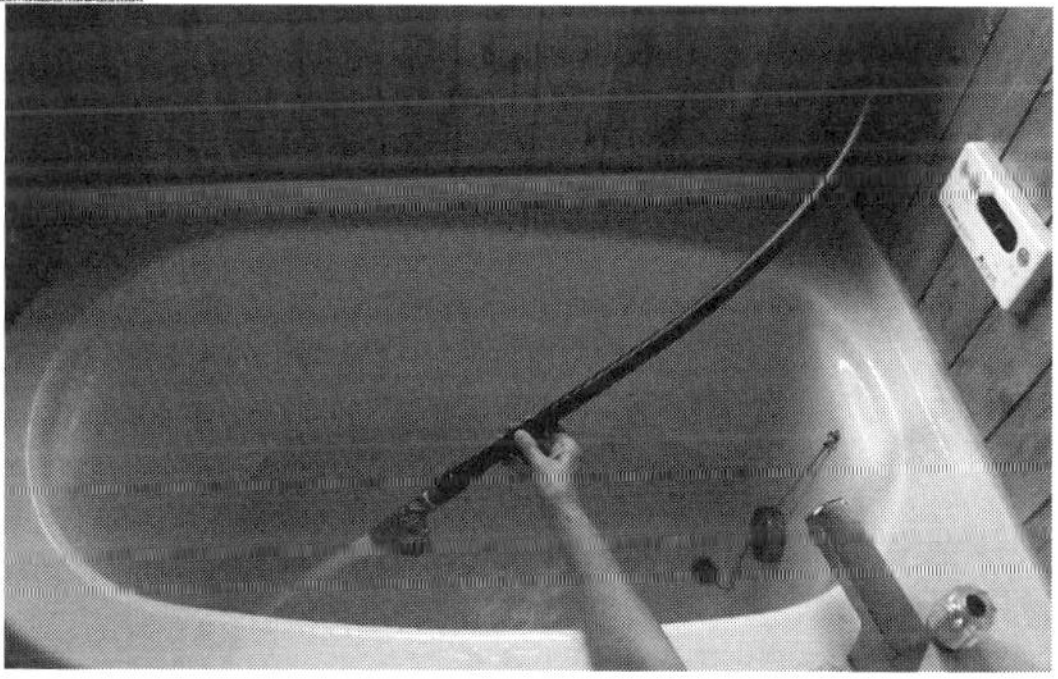

㉑これは太陽熱の温水機です。暫く前にこれも随分、流行ったんですけれども、まあ、ガスが普及してからはあんまり使われなくなったんですね。屋根の上に載ったままのを安く譲ってもらって、家の後ろがちょうど斜面になっているところに、ただロープで括って置いてあるだけなんですけれど、ここからパイプを引きます。

㉒㉑からお風呂に直接、お湯が入るようにしていました。夏はこれでも熱くなるんですね。水を入れないと入れないぐらいになります。冬は私のところはマイナス10度ぐらいになるので、全部、水を抜いて、使わないで、冬は温泉に行ってました。春・秋はこれでちょっと微温くはなるんですね。一度水を温めるためのエネルギーを考えると、ちょっとでも温度の高いものを沸かせばそれだけ化石燃料が少なくて済むんです。ガスの装置もあったんですけれど、こうやって春・秋も使ってました。

㉓

㉔

㉕

㉓これはソーラークッカーと呼ばれるもので、太陽の熱で料理をするものなんですね。発泡スチロールの箱の上に、セロファンが貼ってあります。中に黒い鍋が入っているんですね。鍋の中には今、カボチャが入ってます。天気のよい日にこれを外に出しておきますと、2時間ぐらいでカボチャがすっかり煮えてしまうんですね。豆は5時間ぐらいで煮えます。卵は1時間ぐらいで蒸し卵みたいになるんですね。こんなふうに太陽の熱で、まったく火を使わないで料理ができるというものがあって、こういうものをワークショップで皆で作ったり、そんなことをしていました。ここに温度計がありますけれど、100度ぐらいになってますね。
㉔これはもう少し精巧にできていて、長野県の「工房あまね」が作っているソーラークッカーです。これはとっても熱の効率が良くって、鍋の置いてあるところがありますね、あそこに紙を置くとポッと燃えるくらいの高温になるんですね。それで、これはご飯を炊いているところです。うちは喫茶店だったので、そこにいつもお湯を沸かしてたんですね、夏は。こんなものを使って、ソーラーの熱を利用していました。
㉕これはどんぐりなんですけれども、この私のところはどんぐり食というのをやってたんですね。どんぐりカレーというのをメニューに出していました。どんぐりを拾って食べてただけなんですけど、何でどんぐりを食べたかって言いますと、日本の縄文時代っていうのがありますね。その時代はどんぐりが常食だったって言われています。縄文時代は約1万年ぐらい、同じ状態が続いていたって言われているんですね。そしてその間、大きな戦争や大虐殺のようなことはなかったと言われているんです。そういう跡が発見されていないって言うか。それでまあ、本当のところは分からないけれども、1万年、戦争をしない人々って、いったいどんな人々だろうかって考えたんですね。何を考えていたんだろうか、っていうことを考えました。それでどんぐりを拾って食べてみたら、少しは分かるかなって思って、それでどんぐり食っていうのを始めました。

㉖秋になるとこうやってどんぐりをあちこちから拾って来るんですね。それでおそらくこちらの方では、椎の実がほとんどだと思うんですけれども、東北の山はコナラとかクヌギとか樫とかがあるんですね。とても渋いので、アク抜きをしないと食べられません。

㉗その虫をですね、あの、いっぱい、いっぱい出てくるので、拾って、フライパンでこう煎ってですね、塩をかけて食べると、美味しいんですね。どんぐりって渋いんですけど、どんぐり虫は渋くないんですね。とっても不思議な謎でした。貴重な蛋白源でした。

㉘これはどんぐりから出てくる虫なんですね。よく、どんぐりを拾ってきて、中からいっぱい虫が出てきた経験がある方もいらっしゃると思うんですけれども、これはシギゾウムシという虫の幼虫です。

㉙こうやってストーブに載せまして、30回くらい水を取り替えると、綺麗にアクが抜けます。水溶性のタンニンという成分なんですけれど、それさえ抜けたらホッコリした豆のようなものになりますので、それをカレーにしたり、塩と麹を混ぜてどんぐり味噌を作ったり、澱粉を作って、それでどんぐり豆腐を作ったり、いろんなことをしてどんぐり食を楽しんでいました。そのアクを抜いたアクの部分なんですけれども、それをまた煮詰めて煮詰めて、煮詰めて煮詰めて……とやっていきますと、柿渋みたいな、どんぐり渋というのができるんですね。それを防腐剤に使ったりしていました。

㉚シギゾウムシは口がこういうふうに長いんですね、これ成虫なんですけど。これでどんぐりに穴を開けて、そこに卵を産みます。で、どんぐりの中から虫が出てくるんですね。

㉛ここからは私がやっていた《燦《きらら》》という小さな喫茶店のまわりの自然の様子です。蜥蜴ですね。

㉜ツバメは毎年来てたんですけど、2011 年と 12 年は来なかったんですね。今年はどうでしょうか。

㉝さっきの蜥蜴がバッタをパクッとしたところですね。でも蜥蜴って歯がないんですね。だからバッタは逃げていきました。

㉞これは小屋のドアにホタルブクロの絵を描いたんですね。そしてらそこにちょうどとまって口を延ばしているところですね。

㉟セミが羽化しています。

㊱これはクワガタですね。

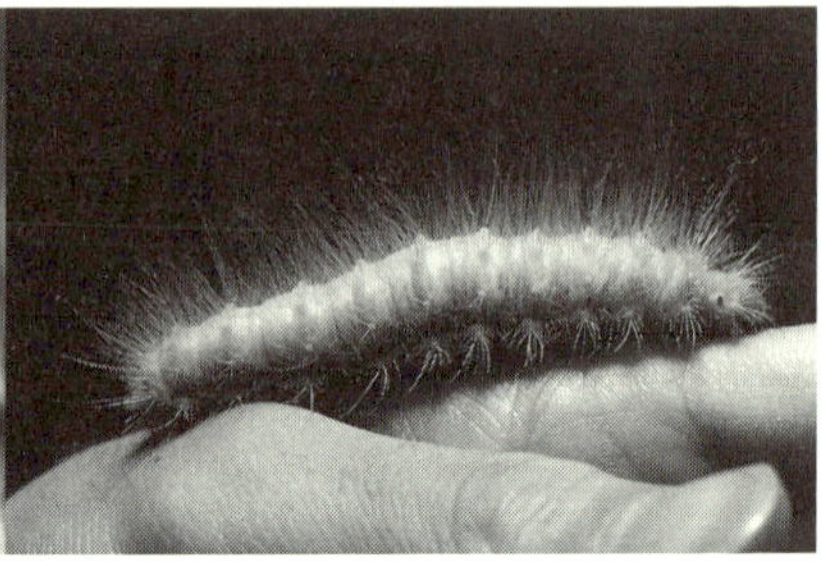

㊲クスサンという虫なんですけれど。

㊳ゾウムシの一種です。すごく可愛い顔をしています。

㊴ハンミョウですね。

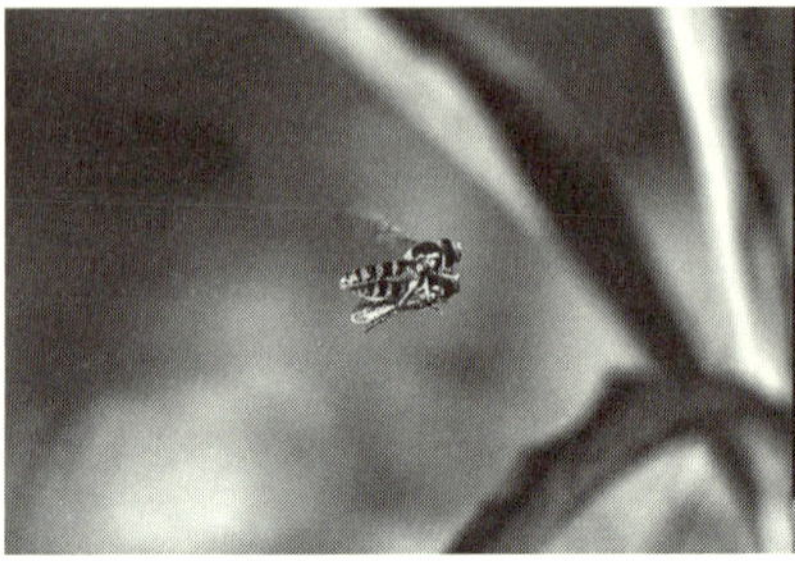

㊵交尾をしている虻ですね。

㊶コクワとナメクジ

㊷カブトムシですね。

㊸これは蜂の箱です。ニホンミツバチを飼っていたと言うか、住んでいていただいて、蜂蜜を頂いていました。

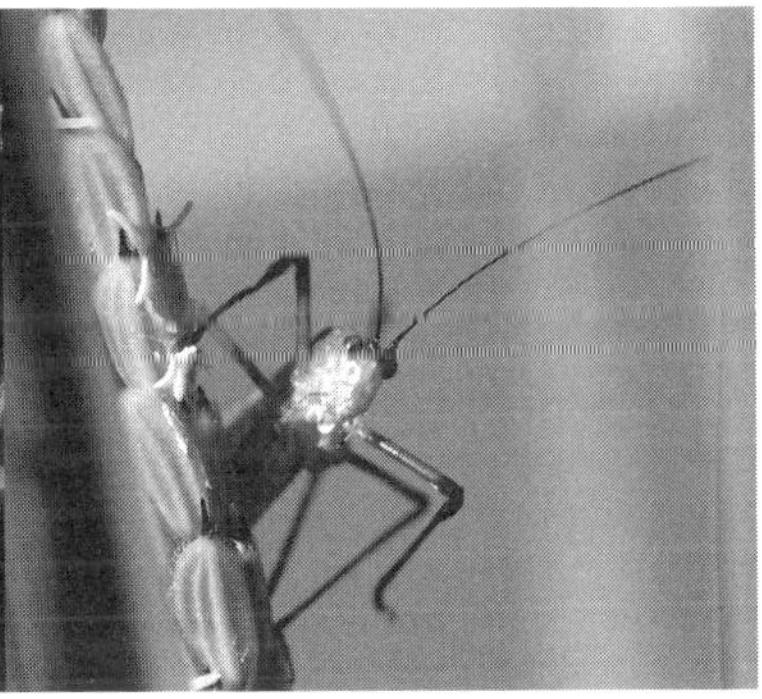

㊺どんぐりから虫が出てくるところですね。　㊹これ稲の花を食べているツユムシですね。

㊻これはジョウビタキという渡り鳥です。

㊼これは私の住んでいたどんぐりの森なんですね。コナラとかクヌギとかいうものがたくさんありました。

㊽これは冬の《燦》の風景です。この写真を見ながら、文章をちょっと読ませていただきたいと思います。

第二章　3・11のあと、考えたこと

1　3・11から今まで福島で見てきたこと

〔編者より〕二〇一二年一月二十八日、山梨県北杜市《ほくと》で開かれた「武藤類子さんを囲む会」より。「福島よりあなたへ」（大月書店）が書店に並んで間もない頃であった。


今日は、武藤類子と申します。

今、司会の方が「慣れていなくて」というようなことをおっしゃってたんですけど、私こそこのような場で話すことに慣れていないことに関してはそれ以上だと思っております。この原発事故がなければ、こんなたくさんの人の前でお話しをするという、そういうこともなかったって思います。でもやはり福島のことは、福島の人間だけのことではなくて、本当にこの日本中の問題だなと思うので、下手な話なんですけども、聴いていただきたくて参りました。どうぞよろしくお願いいいたします。

一番最初にこの北杜市の皆様に、感謝の気持を言いたいと思いました。今、久松さんからお話しがありましたように、（二〇一一年）四月半ばに久松さんと金野さん、そして岩田さんという三人の方が私のところにお見えになって、それからこの北杜市との交流が始まったと思います。まず、測定器をたくさん持ってきて下さって、いろんなところを測定して、ホットスポットとか、そういうところを探して下さいました。それが発端で福島の市民放射能測定所ができました。そこで食品も測ることができるようになっています。それから山梨の野菜をたくさん送っていただくっていうことにもなりました。定期的に放射能の入っていない野菜を送っていただくことで、私たちは何とかそれを食べて生き延びてこられたなって思います。それから、ここにも何人か見えておられるんですけれども、北杜市に移住を決意して来られた方が何人かおられます。で、昨日もその方たちと会ったんですけれども、北杜市の方々の温かいご支援の中で、元気に暮らしている姿を見まして、本当に安心しました。嬉しいなと思いました。良かったなと思います。本当にいろいろなご支援をしていただきまして、心から感謝をしております。有難うございます。

原発の話をまずしてみたいと思うんですけれども、私は三月十一日の前までは、福島県の田村郡三春町っていうところに住んでおりますけれど、お店は船引《ふねひき》町っていう隣りの町なんですけれども、そこで小さい喫茶店をやってました。「燦《きらら》」という名前の喫茶店でした。ちょうど私が五〇歳になって始めたお店だったものですから、「五〇歳からも燦《きら》めくような人生を生きるぞ！」と思って、そういう名前を付けました。で、そのお店で地震に遭いました。私が住んでいるところは、比較的岩盤が堅いって言われてまして、あんまり、地震があっても大きな被害があったことがなかったんです。でもその日の地震は一瞬、何かグラッと揺れた後に横揺れが長く長く続いて、そんなに長く続いた地震はなかったんですね、今までに。慌てて犬と連れ合いと一緒にテーブルの下に潜り込んで、「大丈夫かな」とジッとしてたんですね。ガラスの食器の割れる音なんかがして、そんな音を聴きながら、「あ！原発、大丈夫かな？」ってことが頭に浮かびました。

て言いますのは、私はチェルノブイリ原発事故、一九八六年ですね、その事故があった時に、原発というものがどういうものかということを始めて知りまして、その原発の危険性と言いますか、それからいろんな社会問題を含んでいるのだということを知りまして、そして、原発の反対運動をずーっとやって参りました。それで、原発のことについてまず、地震があった時に「心配だな」って思いました。で、段々揺れが収まってきた時に、ラジオをすぐ点けたんですけど、「原発は制御棒が全部入ったので、大丈夫だって」いうふうなことを放送していたんですね。それで「ああ良かったね」というふうに思いました。でも余震が何度も何度も来てましたので、外に逃げてみたり、テーブルの下に潜ってみたり、そんなことをしながら暫くいたんですけれども。ガラスの食器を片付けたりして。

で、夕方になってから「福島第一原発、第二原発の冷却系の電源が一部、入らなくなりました」っていうニュースがあったんです。そこでまたドキッとしたんですね。で、もう暫くすると今度は「すべての電源が入らなくなった」というのがニュースで流れました。それでもう真っ青になりました。と言いますのは、私たち、原発の反対運動の中で月に一回、《東電交渉》というのをやってたんですね。東京電力の人たちとお会いして、月に一回です。原発っていうのは、常に小さなトラブルとか事故とか、そういうのがいっぱいあるものですから、その度にその事故はいったいどういうことなんだろうか、どんな対策をしたんだろうかということを、申し入れをしたり、質問をしたりとか、そういう時間だったんです。それで、その前の年の五月にですね、やっぱり、《全電源喪失事故》というのが実はあったんです。それは第一原発二号機だったたと思うんですけれども、それでその時に電源というものが入らなくなった時、いったい何が起こるのかをまあだいたいシミュレーションしたっていうか、話しあったりして、「こんなことが起こるんじゃないか」っていうことを知ったんですね。

電源が入らなくなる、冷却系に水が入らなくなる……やっぱり一番最初に頭に浮かんだのはメルトダウンっていう言葉でした。それが起きるかもしれないということを思って、本当にこう、真っ青と言うか……でも、すぐにそのリアリティがあるわけでないので、東京電力の方向、東の方向を向いて、(1)何か、《チェレンコフ光(2)》ですか、青白い光が出るんじゃないかってぼんやり考えながら、見てたんですね。で、そんなことをしてたんですけども、ふと我に帰って「もしメルトダウンという事態が起きたらいったいどうすれば良いんだろう？」と考えて、「これはもう逃げるしかない」って思いました。地震の後でしたし、ちょうどメールも何も通じない状態になったんですね。テレビもないもんですから、原発の状態もよく分からないんだけれども、とにかくここにいるのは良くない、と思いまして、まず、子どものいる友だちが何人かいたものですから、

(1) 福島第一原発は、三春町のほぼ真東に位置する。
(2) 再臨界などの時に目撃されると言われている青白い光。

そこに行こうと思ったんですね。もう夕方で薄暗くなってたんですけれど、三〜四軒ほど思い当たるところがあったものですから、そこに行って、「もうここにいない方がいいよ」っていうことを言いました。で、二軒の友だちがすぐ、「じゃあ、避難する」っていうことを決めてくれたものですから、私たちも、「じゃあどこかに行くか」というふうに思って、小さい軽ワゴンのクルマ一台しかなかったんですけど、その中に母親と犬を詰め込みまして、連れ合いが運転して、「とにかく西へ行こう」って思いました。東に原発があるんですね。ま、風向きのこととかもあったんですけど。だいたい冬は西から風が吹くので、西の方に行けばまあいいのかなって言って、で、会津っていうところが西の方に行くとあるんですけれど、そちらに向かって行きました。途中、道路が壊れていたりして、ちょっと迂回したりしながら、峠を越えて行きました。峠に行くとものすごい吹雪だったんですね。吹雪の中を必死で運転していって、そして会津のあたりに入ったのがだいたい真夜中だったと思うんですね。で、いろんな友だちに連絡取ろうと思うんですけれど、ほとんど取れないで、それでも何人か取れた人たちはもう「今どうしてる?」っていうことで、「福島にいないよ」って、ほとんど皆、出ていくような様子でした。

それで、クルマの中でコンビニの駐車場で一晩明かしたんですね。ものすごく寒かったんですけれど。その明け方になってから、会津若松の市内に入って、ちょっと休めるような地震のための避難所があったものですから、そこに行って体を休めて、それで初めてテレビで原発の様子を見たんですけれども、まだその時は爆発してなかったので、ただ原発がこう、写されていた状況だったんですね。

そのちょっと前ですね、テレビを見る前に、明け方だったと思うんですけれど、新潟と長野でまた大きな地震があったんです。震度五以上だったかな、六ぐらいだったかしら。すごく大きな地震があったんですね。で、私たちけ会津からそのまま新潟の方に行こうと思ってきました。新潟に友だちもいたので、そこに行こうかと思っていたんだけれど、「新潟には、あ、柏崎(3)があるじゃない!」とかって思って、いったいどこに行ったらいいか分からなくなってしまったんですね。で、そこでちょっとぼんやりと考えていたんですけれども、そんなふうにしているうちに、あの人にまだ知らせてない、この人にも知らせてない、そういう思いがすごくしてきて、とにかく、いったんもう戻ろうか、っていうふうに思ったんですね。ま、何で戻るかって、ちょっと自分でも良く分かんないんですけど、とにかく知らせなきゃ、みたいな思いがあって、でそれでいったん戻りました。ちょうど、「台所で豆を煮たままだ」ってね、母親がすごく気にしてたりなんかして、本当に取るものも取りあえず来たものですから、家の中なんかグチャグチャのままでしたね。とにかく戻ってみようっていうことで戻ったんです。で、十一日だったんですけど、昼過ぎに

(3) 二〇〇七年七月十六日の「中越沖地震」で、新潟県柏崎市にある東京電力柏崎刈羽原子力発電所は損壊し、構内では火災が発生、放射能漏れもあった。構内には大きく隆起した場所もあり、大惨事と紙一重であったとする指摘もある。

第一原発が爆発したっていうことを聴きまして、また真っ青になったんですね。それでもいろんな人に連絡を取り続けながら、三春にいたんですね、色んな友だちのところに行ったりだとか、もう危ないいんじゃないかっていうことを言って回っていたんですけども、とうとう十四日になって、三号機が爆発しました。三号機はあの時、あまりニュースでは言ってなかったんですけど、実はプルサーマルというものをやってたんですね。

プルサーマルは一昨年（二〇一〇年）、八月に運転が始まりました。実はその十年前に始まることになってたんですね。十年前に日本で始めて、福島の原発でプルサーマルをやるっていうことが決まって、燃料も入りました。ところが、いざ始めるっていう時に、東京電力がいろんなデータを改竄してたこと、事故を隠してたことが次々と発覚しました。当時、佐藤栄佐久（さん）という知事がいたんですけれども、その佐藤栄佐久（さん）がその東京電力のやり方に非常に腹をたてまして、「こんなことではいけない」ということで、一年かけてエネルギー政策検討会っていうのを開いたんですね。それで佐藤栄佐久さんは東大に入った時よりも勉強したっておっしゃってましたけれども、すごくその、原発のことを勉強されました。いろんな方を呼んで、もう、原発賛成の人も反対の人も呼んで、何回も何回も検討会を開いたんですね。その結果、国の原子力政策っていうものが本当に酷いんだっていうことを彼は認識されまして、プルサーマルの受け入れは白紙撤回したんです。

白紙撤回されたまま、その燃料は燃料プールにずっと十年間、置かれていたわけなんですね。

その十年間、置いてあった、プルサーマルの燃料はＭＯＸ燃料って言うんですけれど、そのＭＯＸ燃料を使って、一昨年の八月にプルサーマルをやるのを決めたんです。その八月、それは六日でした。栄佐久さんが、私たちは陥《おとし》れられたっていうふうには思うんですけれども、贈収賄の嫌疑で逮捕されまして、その後になった佐藤雄平という知事がプルサーマル運転を決めてしまったんです。原爆記念日という日にです。そして、十月だったかな、運転が始まったのは。私たちも第一原発前に集まって、いろいろ抗議したんですけど、まあ、五〇人ぐらいだったと思います、そこに集まった人間は。で、「ここに集まるのが五〇〇人、五〇〇〇人であればまだ違っていたかもしれないな」ってその時に思ったのを覚えているんですけれども、そのプルサーマルをやっていた炉が十四日に爆発したんですね。

普通の今までの核燃料だって、ものすごく危険であるのに変わりはないんですけど、さらにプルサーマル、プルトニウムの入っている燃料ですね。それが爆発したっていうことを知って、「これはもうここにはいられない」って、また思い直しまして、またクルマにいろんなものを詰め込んで、それで出発しました。ちょうど、なかなか連絡が取れなかった友だちと連絡がつきまして、福島市でその人と合流をして、山形県の天童市まで一気に走っていきました。

三春町にもガイガーカウンターを持っている方がいたことを思い出して、連絡を取りまして、測ってもらったりしてたんですね。十四日に出た時にはまだ私たちの住んでた三春町というところは線量は平常値でした。で、十四日の夜に天童市に着いて、で十五日にもう一回電話しましたら、お昼ぐらいだったですかね、もう一〇マイクロシーベルトになってるということを聴いて、「あ、本当に放射能がやって来たんだ！」ってことを実感しました。

で、私たちはあるお宅に寄せてもらいました。それは一緒に逃げた友だちがたった一回会っただけっていう方のお宅だったんですけども、そこに私たち家族三人、それにその友だちの家族四人、そして後から合流した青年が二人、総勢人間が九人とうちの犬が一匹、そこのお宅に避難をさせていただいて、一カ月の間、そこに置いていただいたんです。本当に感謝でいっぱいでした。本当に温かく迎えてくれて、そこで皆で毎日毎日ご飯を作ったり、子どもと遊んだりとかですね、合宿生活のようなものが始まったんですけれども、その間も、もう何回も余震が来て、夜中に飛び起きるっていうことがありました。で、段々に、二、三日して落ち着いたら、皆新聞とかそれからラジオ、テレビ、そしてパソコンを持ち出してきまして、いろんな情報を集めることを始めました。それぞれが皆、得意なところで、情報を集めては友だちたちにメールで送ったり、それからブログに書くとかね、そういうことをして発信するようになったんですね。で、もう毎日毎日、私も一〇〇通ぐらいのメールと電話がありましたし、その山形の寄せていただいたところの方に頼んで、避難してくる人たちがどこに行ったらいいかということを調べてもらったりとか、そういう避難所を増やしてもらいたいっていうことを電話したりとか、大したことではないんですけれども、自分たちがやれることは何だろうかということを考えて、必死でそういうことをしておりました。

一カ月くらいたった頃にちょうど母親、今日ここに来ておりますが、段々やっぱり疲れてきたっていう状況になったんですね。本当に良くしていただいたけれど、日常とは違うっていうことがありまして、たまたまその頃、私の従姉妹の姑さんも広野町って原発立地町の隣町に住んでたんですけれども、会津の方に避難したんですね。で、その避難したところで認知症を発症しまして、徘徊が始まって病院に入院して、そのまま亡くなってしまうということがありました。そんなこともあったものですから、まあ一応、帰ろうかっていうことを思いまして、で、線量も段々落ちてきたっていうのもあったんですけれども、それで私も三春町に帰って参りました。

私の連れ合いは三陸に、電気を点けるボランティアに出掛けて行きました。津波で電線が流されてしまったり、電柱が倒れてしまったりっていうところに、独立型のソーラー発電で電気を点けたり、携帯電話を充電したりする仕事です。

こうして一カ月後に私、家に帰ってきたんですけれども、お店をやってたので、いろんな方が、私が戻ったっていうので訪ねてきて下さったんですね。そこで本当にいろんなお話を聴きました。もうちょっと驚くような出来事がたくさんありました。この日本の国というのを私は、何と言うのだろう、国土はとても美しいところですけれども、この国のあり方にはすごく疑問を元々持っていたので、もしかこういう原発事故なんかも起きたらいったいどんな対応をするんだろうかっていうことで、そんなに信用はしていませんでした。いませんでしたけれど、「あ、ここまでですか」っていう感じでね。あ、本当にこうだったんですね、みたいなことがたくさんあったんですね。

で、まずこの国がやったことは、三つ大きくあったと思います。まず、情報を隠したんですね。皆さんもご存知だと思うんですけれど、ＳＰＥＥＤＩの情報が一般に出て来たのはだいたい、二ヵ月後くらいでしたか。あの情報が本当にキチンと住民に知れわたっていれば、無用な被曝はなかったと思うんですね。本当にああいう情報を隠すっていうことは、酷いことだって思いました。で、それにあの、何て言うんですかね、原発事故に対する無策って言うんですかね、それがすごくあったと思います。私たちが住んでる三春町には、原発の事故直後に、原発立地町である富岡町の人たちがたくさん避難して来られたんですね。その人たちが測定器を持ってたんです。で、その測定器で測ることができたので、町長、三役がことの重大性を認識できたんですね。でも、そういうものがない市町村もたくさんありましたので、自治体自体が事態の重大性っていうものを認識できなかったっていうのもあると思うんですね。

あと、ヨウ素剤っていうのがあるんですけれど、富岡町とか原発立地町には常備してあるわけなんですね。だけれども他の地域には常備されていないんです。そのヨウ素剤があるということすら分からなかった町がいっぱいあるんですね。三春の町はたまたま富岡の人たちがヨウ素剤を持っているっていうのを知って、福島県に、私たちの町にもヨウ素剤を配ってくれって要請したんですね。それで貰うことができて、十五日の朝に四〇歳未満の方に全員、配って飲むことができて、すごいタイミングが良かったたって思っています。でも他の町ではほとんどそういうことがなくて、郡山市の人たちは……隣接しているんですけれど、三春町の人たちがヨウ素剤を貰ったっていうことを知って、どうして郡山では配らないんだっていうことで、初めて郡山市が県に要請をしたんだそうですね。で、ところが三春町が先に十五日に飲んでしまったっていうことを聴いて、それは実際、ヨウ素剤っていうのは国から命令が下ってそれが下に行って、県とかそういうところが「飲んで下さい」って言わない限り、本当は飲んではいけない法律があるんだそうです。でも三春町は事の重大性を考えて十四日の夜に三役とか保健師とか医師とか、そういう人たちが皆で集まって協議をして、皆に配って飲むということをしたんですね。そしたらそれを知った福島県が後から勝手にそういうことをしたら困るからヨウ素剤を回収するって言ったんだそうです。でも、「もう飲んでしまったからないよ」っていうことで返さなかったんだそうです。けれども、まあ、大混乱の中とは言え、そういう、いざとなった時にヨウ素剤はどうするとかね、そういうことに対しても考えというか、方策というものが本当になかったんだな、というふうに思いました。

あと、もう一つ、思ったのが、事故を小さく見せる。そういうことをこの国はやりました。それは「安全キャンペーン」っていうものだったんですね。私が帰ってすぐだったんですけれども、皆さんもお聴きになったことがあると思うんですけれども、長崎大学から山下俊一さんという方が福島県に来られました。で、その人たちが、この事故は大丈夫だ、放射能は大丈夫だ、安全だっていうことを皆に言って回ったんですね。飯舘村ですとか、川俣町ですとか、福島市、二本松市。考えてみると、線量の高いところばかりなんですね。そういうところからキャンペーンを始めていきました。で、皆、大丈夫だ、大丈夫だっていうふうに言われるものですから、避難の機会を失っていった人たちっていうのも、そこでたくさんいたと思います。

事故を小さく見せるっていうことで安全キャンペーンを張ったんですね。それからもう一つ、この国がしたことは、数々の数値を上げる、基準値を上げるっていうことでした。二〇ミリシーベルトっていうのをお聴きになったと思うんですけど、もともと私たちが通常、浴びていいっていうのは、一ミリシーベルトと決まっていたんですね。ところがそれをまあ、暫定っていうか、そういう数字だっていうことだと思うんですけれども、二〇ミリシーベルトに上げました。食品の基準は国内産のものについては、ちゃんと定められていませんでした。輸入食品は三六〇ベクレルでしたね、それが急に五〇〇ベクレルになったわけなんですね。そういうふうに基準値を上げるっていうことをしました。

事故にあった時にそういうことが本当にやられるんだっていうことに、改めてびっくりしました。私の店に来てくださった方々のお話をちょっとご紹介したいと思うんですけれども、まず、郡山市に住んでた友だちは、まったく、その放射能が降ってきているということを公報として知らされなかったんですね。三春町の場合だと、広報車が回って、「外に出ないで下さい」っていうことを随分、言って回ったそうなんですけども、まったくそういうことを知らなかったという人たちが大勢いました。郡山市の場合は断水とか停電とかしてたんですね。だからテレビも見られなかったっていうのも、もちろんあると思うんですね。それから断水をしたので皆、給水車に並んだんですね。給水車にずっと長い列を作って並んで、子どもも皆、狩り出されて、ポリタンクを持ったりバケツを持ったりして、長い時間、給水車の前に並んでいた、子どもを並ばせてしまったっていうことですごく辛い思いをしているお父さんの話も聴きました。それから私の友だちは窓のガラスが全部割れてしまったので、一日中、外でガラスを拾っていたっていうことがありました。それから家が全壊してしまったので引越しをしなければならないっていうので、三月十一日から毎日、引越しのために外で片付けをしたりとか、荷造りをしたりとか、そういうことをしていたっていう人もいました。

それから、学校が春休み中だったんですけれども、教育委員会の方で「ここまで休みにします」とか、式はどうしますとかいうことを、即座に学校に指令として出すことができなかったんですね。多分、皆、大混乱だったんだと思うんですけれども、それはもう学校に任されてしまったものですから、学校によっては卒業式をします、入学式をしますっていうことになってしまったんですね。折角避難をしていたんだけれども、卒業式のために戻って来たっていうような例もあります。それから、学校の先生の友人がいるんですけれども、その学校では自分の子どもがやっぱり小さいので、とにかく避難をしたい、休みを取らせてくれということを言うんですけれども、校長先生は何も言わなかったそうなんですけれども、周りの同僚が「お前は本当に逃げるのか」って言って、その人を玄関まで追い掛けてきてね、罵声を浴びせたっていうようなこともあったそうなんですね。それから、私の友だちも「若い先生たちにせめて春休みを取らしてくれ」

っていうふうに言ったんですけれども、ちょうどその学校は避難民の方がたくさん来られていたんで、学校の教員が皆、その避難民の人たちの世話をしていたんですね。それで、そういうふうに休みを取るんだったら、免職覚悟で行けっていうふうなことを言われたっていう、そんな例もあります。で、それから、まあ、子どもが学校にペットボトルの水を持っていったら皆持ってこないんだから、持ってきちゃいけないっていうふうに言われたりとか、給食も、食べなくていいですよっていう学校もあれば、そういうふうに言われるところもあります。そして、私の友だちの中学生の娘は親が必死で避難させたいって思うんですけども、自分だけが安全なところに行って、お友だちはどうなるのって言って、泣いて、何としても避難しないっていう子どもたちもいました。まあ、本当にいろんなことがありました。

で、宣伝じゃないですけれど、ちょっとここの部分を本に書いたところがあるので、一節を読ませていただきます。

避難区域をめぐり、補償をめぐり、除染をめぐり、健康調査をめぐっていまだに混乱が続いています。何も知らされずに外で地震の片付けをしていた人がいます。卒業式のために避難先から戻ってきた母親がいます。子どもたちを給水車の列に並ばせてしまったことを悔いる父親がいます。学校に水筒を持って行き注意された子どもがいます。自分だけ安全な場所に行くのがいやだと泣いた中学生がいます。事故のあとに福島県に転

勤を命じられた若者がいます。福島第一原発で働く息子をもつ母親は、ぼろぼろに疲れて戻り現場のことについて一言も語らない息子を案じています。障がいをもつ私の友人たちは、放射能被害が新たな差別や分断を産むのではないかと危機感を募らせています。秋、収穫した米に基準値を超えたセシウムが次々と検出されています。学校給食に地元の食材を使うところがあります。東京電力は、放出された放射性物質は誰のものでもなく、着地した土地の所有者が除染するべきだと主張しました。ある除染アドバイザーは、付近の住民の不安を煽るからといって、除染に参加するボランティアに大げさな防護の自粛を促しました。

放射能被害で仕事をなくした人が、原発の事故処理の仕事に就かざるをえない現実がある一方で、除染ビジネスで富を得るのは東京電力の関連会社や大手ゼネコンだという不条理があります。

「福島からあなたへ」大月書店、二〇一二年一月刊。四二〜四四ページ。

っていうふうに書いたんですけれども、本当にこのような矛盾と混乱のただ中に未だに私たちはいます。そういうことは、本当に人々を切り刻んで、分断していくんですね。避難一つ取っても、避難する人、残る人。それから、除染をするべきだと言う人、除染は危険だと言う人。それから、この地元の物を食べるのは怖いっていう人、子どもには食べさせたくないって言う人、でも地元のものを食べなければ福島の農業は駄目になってしまうという人。それぞれの意見はそれぞれ誰も間違ってはいないかもしれません。でも、そういう違いっていうのが、何て言うんだろう、ある意図的なね、何かそういう、分断させる意図を持った人たちが分断させているかもしれない、そういうふうにも思います。そういう中で私たちは、翻弄されて、そして切り刻まれていくっていう感覚をすごく持っています。で、今、一〇ヵ月以上たって、意外なところに放射能は拡がっているっていう感じがするんですね。この間も線量の高い地域の砂利を工事に使ったためにマンションの土台が放射性を帯びてしまったということがありました。それから、食べ物も、福島産のお米が取り引きされないものですから、それをブレンドして、違う産地にしていたこととか、いろんなことが起きてくるんですね。

こういうことが何で起きるんだろうかと思うんですよね。やっぱりまあ、国なり自治体なり、そういうところが本当に、何て言うんだろう、私たちの命の側と言うか、国民の命とか、安全の側に立てば、多分、もっともっといろんなね、政策ができるんじゃないかと思うんですけど、本当にあんなものすごい原発事故があったのに、なお原発を推進しようとしている人たちがいるわけだし、経済が優先されていくっていう、そういう現実があるわけですよね。そういうことを考えてると、何かこう私たち、まあ、福島県民だけではないですけれども、たくさんの人がこうやって放射能を浴びて被災しているにもかかわらず、何かそれが本当に何も生かされていない、そういうことが悲しく感じられます。

2　質問を受けて

司会：有難うございました。

Q：話の中に最初に、３・11が始まる前に、集まった時に五〇名ほどしかいなかった、もっとこれがたくさんいれば、また違う力が出せたんじゃないかっていうお話があったんですけれども、原発のある福島でもその程度の人数しか集まれない状況が今までだったっていうことですか？

類子：はい。福島原発っていうのは今、一〇基あるんですけれども、一番最初の第一原発一号機ができたのは、約四〇年前になるんですね。その時には激しい反対運動があったそうです。それは私たちよりちょっと前の世代の方々なんですけれど、本当に激しい抵抗があったんですね。ところが、どこの原発でも同じだと思うんですけれども、そういうものに対して、やっぱり札ビラですね、それで本当に頬を叩くような、お金で切り崩していくというやり方をすごくやってきたんだそうです。そしてまあ、第一原発立地町である双葉町ですね、そこの町長さんをやられた方は双葉原発反対同盟の委員長をやっておられた方だったんですけれども、その方もやがて切り崩されて、推進派に回ってしまうっていうことがあったんですね。本当にそうやって少しずつ少しずつ反対運動は切り崩されたんですね。そして何時の間にか一〇基の原発ができてしまったわけなんです。

一九八六年にチェルノブイリの事故が起きた時に、やっぱり皆、すごく危機感を持ちまして、福島の中でも原発の反対運動は一時、盛んになりました。福島はすごく広いところなんですけれども、福島市、郡山市、いわき市とか、いろんなところに小さな原発反対のグループができまして、その人たちが「脱原発福島ネットワーク」っていう大きなネットワークを作って、反対運動を随分しました。九一年かな？　福島第二原発の三号炉が再循環ポンプ破断っていうものすごく大きな事故を起こした[4]ことがあるんですね。で、その時に東京から、たくさんの消費地から運動してくださる方が来て、福島に住みついていかれたりして、それで本当にすごい大きな反対運動もあったんですね。あったんですけれども、あれから二〇年以上たっていく中で、小さな事故っていうのは本当にたくさんあったんですけれども、ほとんど報道はされなかったっていうこともあるんですね。それと、原発立地町にあっては、原発関連の仕事をしている人たちがたくさんいるわけですよね。半数以上が原発関連の仕事をしている。そして、その立地町だけじゃなくて、県内に原発の仕事をしている人たちっていうのはたくさんいる。ですから、そういう中で反対運動がなかなかこう……やっていけない土壌というようなのはありました。で、私たち、本当に大したことは何もできないまま、細々とただただ続けてきたようなものなんです。プルサーマルが始まった時にはそのような状態でした。

Ｑ：私は三月の十三日の朝に娘二人を連れて仙台市からクルマで逃げてきました。それで今に至るんですけれども、ただもうすぐ一年たちまして、夫は仙台市で自衛官をしているので、もちろん離れられませんでしたが、今もそのまま仙台市の駐屯地で陸上自衛隊で勤務しているんですが、やはり夫が娘二人と会えない期間がずっと続いているというのと、もう、私が一人でね、娘二人を見ていると、一、二回はもう来ているので、やはり家族は一緒がいいのかなと。まだまだやはり学校の除染はどうなってるのかとかいろいろ不安が……まあ、福島県に比べれば宮城県はまだまだ被害がね、原発に関してまだそんなには……と思うので、ま、一旦、次の三月の末に帰ろうかなと思っているんですけど、そこで気になるのは、上の子が小学生ですので、学校の給食はやはり地元のものを使っているんじゃないかとか、で、そういったことへの現地の親御さんたちの、何て言うんでしょう……例えば線量計の……食べ物のベクレルを測って、ちゃんとしたものを出しているのかとか、そういうのを監視していく親御さんたちのその、何か集団があるだろうか、とか、いろいろ気になってまして、で、福島県では現在でも、子どもの給食っていうのはどのように監視したりまたは、何か調べている支援団体が仕事をしていたりとか、何かそういう動きがあるのでしょうか、教えていただければと思います。

類子：給食の問題は本当に深刻な問題だと思うんです。市町村によって、もう、対応が違うんです。いわき市なんかの場合ですと、地元のものはとりあえず給食には使わないっていうことを決めているようなんですね。でも、郡山市の場合ですと安積米《あさか》という地元米を使ってます。一応、

（4）一九八九年一月に異常振動を起こし、水中軸受リング溶接部が破れていることが分かった事故であるが、大惨事に発展する要素を持っていた。

測るんですけれども、学校が独自に測るというよりは、農協に委託して測るんですね。だから農協のその検査態勢がどういうふうになっているのか、そういうことをやっぱり一々、市民が追及していかないと、なかなか真実というのは分からないんじゃないかと思うんですね。で、郡山市の場合なんかだと、「地元米をとにかく使わないでくれ」っていうことをお母さんたちが皆でね、教育委員会の場に行ってお願いしたりしているんですけれども、なかなか難しいんです、これがね。と言うのは、福島県のお米はほとんど取り引きがなかったそうです、今年は。それで、大手のコンビニだけが取り引きをしたそうです。郡山市の場合、米の消費量は一日に八トンなんだそうですね。その大量消費分を給食に回してしまっているっていう現実があります。本当に酷いな、って思うんですけれども。

Q：これまで、一日に八トン消費していた分が丸っと滞貨するので、それを給食に回す、という意味でしょうか?

類子：私は、ちょっとその市民（放射能）測定所っていうところに係ってきたんですけれども、そもそもこの北杜市から岩田さんという方が来られて始まったものなんです。福島県内に幾つかそうした市民測定所ができています。いわきですとか、郡山、あと田村市とか、郡部の方にもいっぱいあるんですけれども、宮城県にも二つあります。一つは丸森の農家の人たちが皆でお金を出しあって機械を買ったところで、《てとてと》[5]というのが大河原市というところにあります。それからもう一つ、仙台市の坪沼[6]というところに《小さき花》っていうところがあります。

宮城県の場合は、福島県と隣接しているところは非常に線量が高いんですね。ただ宮城県知事が最初のうち、ほとんど放射能への対応をしなかったんですね。とても対応が遅れたと思います。ただ今、仙台市でもちょっと名前が分からないんですけど、やっぱり子どもたちの給食を考えて子どもたちを放射能から守る会がお母さんたちで作られているのを、聴いたことがあります。そういう市民放射能測定所とかをお訪ねになったらば、いろいろ、情報が分かるんじゃないかって思います。本当に宮城県の方々は気の毒だったな、と私、思うんですね。放射能には県境は何もないですから。どんどん向こうへ行っているにもかかわらず……宮城県だけでなくて逆に茨城県の方もそうなんですけれども、まあ、福島県でいえば一応クローズアップされてますけれども、されてないそういうものがたくさんあると思います。

Q：今日、改めてお話を伺いまして、本当に、私に何ができるかな、っていう思いをずっと持ってましたものですから、お聴きしたいと思うんですけれども、避難をしていらっしゃる皆さん、帰りたいっていう思いが本当に慕っていらっしゃるんだと思うんですよね。で、どういう状況になれば帰れるのか、まあ、市町村によって、線量によって違ってくるんだと思うんですけれども、そのへん……まったく私たちニュースしか分かりませんけど、見えてこないんですよね。何

(5) 宮城県柴田郡大河原町字町にある放射線測定室「てとてと」。丸森は宮城県の最南端の町で福島県と接していて、大河原は丸森と仙台との真ん中あたりになる。
(6) 仙台市太白区。名取市と接する山間部である。小さき花は字原前にある。

時、帰れるのか、帰れないのか、国の無策、まったくその通りだと思うんすけれども、避難してらっしゃる皆さん、どういう本当に思いでいらっしゃるのか、早く除染をして欲しいって切実に思ってらっしゃるのか、避難先で定住されることを真剣に考えてらっしゃる方が多いのか……皆さん、どういう思いがあるのか、ご存知の範囲で、教えていただけたらと思います。

類子：どんな状態になってから帰れるのか、それは本当に私も、分かりません。て言うのは、国はね、除染を一所懸命やるっていうふうなことを決めまして、ものすごい予算を除染に掛けるようにしましたよね。その前からいろんなところで実験的に除染に入っている方がたくさんおられるんです。大学の研究者であるとか、企業の場合もありますし、いろんな人がいろんな方法で除染をやっているんです。けれども、線量はある程度は下る場合もあるんですけれども、ほぼ芳しくないのが現状だと思います。確かに土を掘ればその部分は低くなるんですけれども、かえって空間線量が上がってしまったりとか、いろんなことがあるんですね。どんどん雨が降れば、山から来るものが町場に流れてきて、また線量が上がるとか、幾らやってもまた元に戻るっていうのがすごく多いんです。それで、もう町場の家なんかでもね、屋根を一所懸命ゴシゴシ擦ったりするんだけど、洗い流した水が側溝に流れていくと、今度は側溝の線量が高くなるんですね。だから除染ではなくて、放射能が本当にただ移っていくだけなんですよね。ですから長い年月の間には減衰していくことはあると思うんですけれども、セシウムの種類によって早く半減期を迎えるものもあるんですね、二年っていうのが(7)。そういうもので段々下っていくっていうのはあるんだとは思いますが、今の段階で、除染をしてもなかなか難しいのが現状だと思います。

誰も多分、効果的な除染の仕方って分からないんですよね、今。ある一部分の汚れたところを除染するのであれば、経験もあるかとは思うんですけれども、広大な地域ですよね。そういう広大なところは除染した経験もないわけで、本当に分からないままやっていて、かえって線量を上げてしまったりとか、いろんなことがあります。拡げてしまうとかね。そんな状況なので、どうなんですかね、もちろん、戻りたいと思われる方もたくさんいらっしゃると思うんですけれども、小さな子どもさんがおられたならば、様子を御覧になった方が良いんじゃないかなって、私は思っています。警戒区域とか、ものすごく汚染の高いところは、もちろんまだ戻れる状態ではありません。大熊町っていうところが第一原発があったところなんですけれども、先日私の友人が、だいたい原発から七～八キロくらいのところなのかな？　そこに荷物を取りにいって線量を測ったら、家の中でも一九マイクロシーベルトだったと言ってました。もっと高いところももちろんあるでしょうし、近くてもそんなに高くないところもあるんですけれども、そういう状況です。

町や村によっては、「もう町に戻ってきていいよ」ってどんどん言ってきているところがあるんですよね。除染をするから、皆、もう帰っておいでって、町長から避難している人たちに直接

(7) 福島事故で環境に広く撒き散らされた放射能はセシウム一三四とセシウム一三七で、その二つがほぼ同量であった。セシウム一三七の半減期は三〇・一年ほどであるのに対して、セシウム一三四の半減期は二・〇七年ほどなので、先に減衰していくことになる。

言ってきたりとか、そういうのが現実的に出てきています。でも、それで喜んで戻るっていう人もそんなにたくさんはいないと思うんですよね。故郷で一生を過ごすんだって決めるのは、年齢の高い方には一つの選択だとも思いますけれども、若い人たち、子どもさんがおられる方とかは、「戻らない」って決めてる方の方が私、多いんじゃないかなって思います。

また福島県と言っても線量が一律ではないので、高いところもあれば、私が住んでるところのような〇・三とかそのくらいのところ、微妙なラインというのがあって、すごく判断がそれぞれ難しいんですよね。私だったら、私が小さい子どもを持っていたら多分、戻らない、というふうには思います、今はまだ。

原発の反対運動を本当に細々と……私、チェルノブイリの事故の起きる前にはまったく無知で、原発のことに関心すら持っていない人間でした。だけどチェルノブイリによって関心を持たざるを得なくなりまして、それからいろんなことを少しずつ学んできました。その学んだ中で思ったのは、原発っていうのは一つの発電の方法ではあります。それはものすごくたくさんの電気をいっぺんに作るっていう、メリットと言えばメリットがあるんですけれども、人の被曝を抜きにしては有り得ない発電方法なんだな、ということを思いました。

まず、原料であるウランを採掘するところから被曝は始まります。日本では今、ウランは採掘していないんですけれども、北米ですとか、あとはオーストラリアとか、そういうところで掘られているんですね。で、そこでそういう掘る仕事に従事されている方がアメリカインディアンの方々ですとか、アボリジニーの方々とか、そういう方が従事しているんですね。ウランを掘るところから被曝は始まります。

そのウランを精製していくんですね、燃料になるように。その間に劣化ウランっていういらない部分が出てくるわけなんです。これが実は劣化ウラン弾という兵器に使われるんです。値段が安くて、そして比重がすごく重いので、ミサイルの先に着けると、戦車を貫通してしまうくらいの破壊力になるんだそうです。その劣化ウラン弾によってアフガニスタンであるとか、イラクであるとか、そういうところの人々の健康障害を引き起こしているわけなんですね。

それから原発は必ず定期点検があります。これは被曝をしないとできないんですね、定期点検そのものが。本当に放射能汚染されたところに入って、労働者の人たちが被曝をしながら点検をする、それがなくては成り立たないわけなんです。そして事故が起きれば一般国民が、今のように被曝をするわけですね。福島県民のみならず日本の本当に半分の人たちが被災したんではないかって思います。

そして発電の後には必ず使用済み核燃料というものが残ります。それは核のゴミとしてそれこそ一〇万年後まで安全に保管をしなければ、完全管理をしなければならないものなんですね。ややもするとそれを精製してプルトニウムにして、原爆の材料にもなるわけですね。そういうものができてしまう、それが原発なんだ、これは本当に誰かの犠牲とそれから差別の上にある、そういう発電方法なんだっていうことを私は学んできました。

そういうものが原発なんだと思います。今回もこの事故があった後、私たちがまさに蒙っているのは、この原発の成り立ちと同じだなって、つくづく思っています。

有難うございました。

第三章　折りに触れての発言

1　私たちは静かに怒りを燃やす、東北の鬼です

〔編者より〕二〇一一年九月十一日「さよなら原発集会」（東京・明治公園）より

皆さん、今日は。福島から参りました。今日は福島県内から、それから避難先から何台もバスを連ねて沢山の仲間と一緒にやって参りました。はじめて集会やデモに参加する人もたくさんいます。それでも、福島原発で起きた悲しみを伝えよう、私たちこそが、「原発いらない」の声を挙げようと、声を掛けあい、誘いあって、やって来ました。

始めに、申し上げたいことがあります。3・11からの大変な毎日を命を守るために、あらゆることに取り組んできた皆さん、一人ひとりを深く尊敬いたします。それから、福島県民に温かい手を差し伸べ、繋がり、様々な支援をしてくださった方々に、お礼を申し上げます。有難うございます。

そして、この事故によって大きな荷物を背負わせることになってしまった子どもたち、若い人々に、このような現実を作ってしまった世代として、心から謝りたいと思います。本当に御免なさい！

さて、皆さん、福島はとても美しいところです。東に紺碧の太平洋を望む浜通り。桃、梨、林檎……と果物の宝庫の中通り、猪苗代湖と磐梯山の周りに黄金色の稲穂が垂れる会津平野、その向こうを深い山々が縁取っています。山は青く、水が清らかな、私たちの故郷です。

3・11原発事故を境に、その風景に目には見えない放射能が降り注ぎ、私たちは被曝者となりました。大混乱の中で、私たちには様々なことが起こりました。素早く、張り巡らされた安全キャンペーンと不安の狭間で、引き裂かれていく人と人との繋がり。地域で、職場で、学校で、家庭の中で、どれだけの人が悩み、悲しんだことでしょう。

毎日毎日、否応なく迫られる決断、逃げる、逃げない、食べる、食べない、子どもにマスクをさせる、させない、洗濯物を外に干す、干さない、畑を耕す、耕さない、何かに物申す、黙る、様々な苦渋の選択がありました。

そして今、半年という月日の中で、次第次第に鮮明になってきたことは、「事実は隠されるのだ」「国は国民を守らないのだ」「事故は未だに終らないのだ」「福島県民は核の実験材料にされるのだ」「莫大な放射能のゴミは残るのだ」「大きな犠牲の上になお、原発を推進しようとする勢力があるのだ」「私たちは棄てられたのだ」……私たちは疲れと、やり切れない悲しみに深い溜息をつきます。

でも、口をついてくる言葉は「私たちを馬鹿にするな！」「私たちの命を奪うな！」です。

福島県民は今、怒りと悲しみの中から静かに立ち上がっています。子どもたちを守ろうと、母親が、父親が、お爺ちゃんが、婆ちゃんが、自分たちの未来を奪われまいと、若い世代が大量の被曝に曝されながら事故処理にたずさわる原発従事者を助けようと、労働者たちが、土を汚された絶望の中から農民が、放射能による新たな差別と分断を生むまいと、障害をもった人々が、一人ひとりの市民が、国と東電の責任を問い続けています。

そして、「原発はもういらない」と声を挙げています。私たちは静かに怒りを燃やす、東北の鬼です。私たち福島県民は故郷を離れる者も、福島の地に留まり生きる者も、苦悩と責任と希望を分かち合いたい、支えあって生きていこうと思っています。私たちと繋がってください。私たちが起こしているアクションに注目をしてください。

政府交渉、疎開裁判、避難、保養、除染、測定、原発・放射能についての学び、そして、どこにでも出掛け、福島を語ります。今日は遠くニューヨークでスピーチをしている仲間もいます。思い付く限りのあらゆることに取り組んでいます。私たちを助けてください！　どうか、福島を忘れないでください！

もう一つ、お話ししたいことがあります。それは、私たち自身の生き方、暮らし方です。私たちは何気なく差し込むコンセントの向こう側を、想像しなければなりません。便利さや発展が差別と犠牲の上に成り立っているということに思いを馳せなければなりません。原発は、その向こうにあるのです。

人類は地球に生きるただ一種類の生き物に過ぎません。自らの種族の未来を奪う生き物が他にいるでしょうか。私はこの地球という美しい星と調和した、まっとうな生き物として生きたいです。ささやかでも、エネルギーを大事に使い工夫に満ちた豊かで創造的な暮らしを紡いでいきたいです。どうしたら原発と対極にある新しい世界を作っていけるのか、誰にも明確な答は分かりません。

できうることは、誰かが決めたことに従うのではなく、一人ひとりが、本当に、本当に、本気で、自分の頭で考え、確かに目を見開き、自分ができることを決断し、行動することだと思うのです。一人ひとりにその力があることを思い出しましょう。私たちは誰でも変わる勇気を持っています。奪われた自信を、取り戻しましょう。

原発をなお進めようとする力が垂直に聳える壁ならば、限りなく横に拡がり、繋がり続けていくことが、私たちの力です。たった今、隣にいる人と、そっと手を繋いでみてください！　見つめあい、お互いの辛さを、聞きあいましょう。涙と怒りを、許しあいましょう。今、繋いでいるその手の温もりを、日本中に、世界中に拡げてゆきましょう！

私たち一人ひとりの背負っていかなくてはならない荷物が、途方もなく重く、道のりがどんなに苛酷であっても、目を逸らさずに、支えあい、軽やかに、朗らかに、生き延びていきましょう！

有難うございました。

2　それでも私たちは繋がり続ける

〔編者より〕二〇一二年七月十六日　さよなら原発一〇万人集会（代々木公園）での挨拶

暑い日射しの中を、さよなら原発一〇万人集会に繋る皆さん、本当によく来てくださいました。主催者でもない私がこんなことを言うのはちょっとヘンですけれど、でも、本当によく来てくださった、そう思うのです。３・11からの日々、福島の人々ももちろんそうですが、福島原発事故に心を傷め、原発のある社会を憂えた日本の人々が、日本中の人々が、優しく支えあい、「自分にできる何かを！」と立ち上がり、数々の行動を起こしてきました。今日皆さんにお話ししたいのは、悲しみと困難の中で、それぞれが「本当によくやってきたね」っていうことです。

明らかにされていく事実の中で、さらにがっかりすることや、驚き呆れることもたくさんありました。数々の分断は私たちをバラバラにしようとしました。暗闇の中で、翻弄され、傷つき、混乱しながら、それでも繋がり続け、一人ひとりが最善を尽してきたと思います。

それがこの夏の公園に拡がる色とりどりの花模様です。官邸前の熱い金曜日です。日本中で展開される、福島の子供たちの保養プロジェクトや健康相談会です。日本のあちこちに市民の力で建てられた、放射能測定所です。様々な人々が立ち寄っていく経産省前テントです。一早くマンパワーを送り込んでくださった、障害を持つ人々を支えるネットワークです。被曝の中で行なわれた数々の除染実験です。見知らぬ土地で、勇気をふり絞った新しい生活です。福島の女たちの大飯原発弾劾ツアーです。一三〇〇人以上の市民による集団告訴です。電力会社を訴える数々の裁判です。政治に訴えるあらゆる取り組みです。情報開示や自治体への弛まぬ働きかけです。インターネットで、瞬く間に拡がっていく小さな報道です。映画であり、音楽であり、書物です。各地に拡がるユーモラスな福島の古い盆踊りです。今、私たちの上を飛ぶヘリコプターです。

そして今日、福島県の二本松市というところからテクテクと歩いてやってきた人がいます。「灰の行進」の関さんです。この会場におられます。彼は六月のある日、たった一人で東京に向かって歩き始めました。かつて3・11の原発事故が起きる前に一人の若者が東京から福島までを歩き通す廃炉ウォークを試みようとしたことがありました。それは消費地東京から原発現地の福島へ電気を送る道を逆に辿り、原発なき新しい世界のビジョンを考える行進のはずでした。しかし今、電気の道を辿りながら、放射能に汚染された岩と土を背中に背負って、関さんは一歩一歩歩いてきました。明日、東電と経産省に、「あなた方が出したものを返しに来たよ」っと渡しに行くのだそうです。暑い日も雨の日もテクテク歩くうちに、一人二人と同道者が増え、今日はどれぐらいの人々と共に、この公園に歩いてこられたことでしょうか。

私たちは今日ここで「本当によくやってきたね」と、自分を褒め、今、隣りにいる人を褒めましょう。そして深く息を吐き、体を労りましょう。私たちの行動を支えてきた大切な体です。明日を賢く生きるために密かに微笑みと力を蓄えましょう。しかしそれでも、福島の現状はあまりにも厳しいのです。四号機、甲状腺検査、再稼動、瓦礫問題、安全保障。廃墟と復興の狭間でひっそりと断たれていく命たち。

アメリカのジョアンナ・メーシー(1)という人がかつて言いました。「絶望こそが希望である」と。福島原発事故という最悪の事態の中から、私たちは微かな光を手繰り寄せ、今、このように青空の下に集まっています。声なき声と共にあり、分断の罠にゆめゆめ落ち込むことなく、賢く繋がりあっていきましょう。共に歩んでいきましょう。

有難うございました。

---

(1)(一九二九〜)アメリカの環境哲学者、仏教学者。著書『核の時代における絶望と個人の力』(一九八二年刊)が日本では『絶望こそが希望である』という題で紹介された(絶版)。

3　一筋の光の川となって

〔編者より〕二〇一一年一月十五日「ふくしまの子どもを守れ！郡山集会」（ＪＲ郡山駅西口広場）より。二〇一一年六月に、一四人の子どもたちとその親が郡山市を相手に「放射能の危険のない安全な場所で勉強させて欲しい、避難させて欲しい」という訴えを起こした。その第一審での判決を控えて、市民に広く訴えるための街頭集会であった。十数名が演壇に立ち、デモも行なわれた。

皆さん今日は。三春町から参りました武藤類子と申します。

始めに、この裁判を始められました一四人の子どもたちとその保護者の皆さんに深く敬意を表したいと思います。どんなに勇気がいったことでしょう。どんなに怖かったことでしょう。でも皆さんの行動が福島のすべての子どもたちの未来を守る、とても貴重な一歩なのだと思います。本当に有難うございます。

三月十一日から七カ月、風が冷たくなりました。私は最近、寂しい気持を抑えきれなくなっています。荒れた畑を見ても、ご飯を食べていても、地面を跳ぶ蛙を見ても、何だか涙が止まりません。今ごろになって自分がこの原発事故にどれだけ傷ついたかようやく気がつきました。

皆さんも毎日、溢れそうになる涙を必死で胸の奥に仕舞い込み、暮らしているのではないでしょうか。日々、新しいニュースは私たちを翻弄します。遠く横浜で計測された高濃度のストロンチウム。福島医大の三三〇床のベッドの拡大。自主避難に対する補償の禁止。除染の補助金の線引き。まるで見えない檻に閉じ籠められているかのように思えます。

子どもたちの健康被害を心配するお父さんお母さんは焦りと孤独の中におられるのではないでしょうか。

私の育った時代は米ソの核実験の盛んな頃でした。姉が一人おりましたが、三十六歳になって白血病を発症しました。一〇年余りを病と共に過ごし、亡くなりましたが、白血病は悲しい病気でした。もちろん因果関係は実証できません。

私たち大人は全力で子どもの健康被害を防がなければなりません。そのために力を合わせましょう。力を振り絞って「子どもを逃がして欲しい！」と声を挙げた人々と繋りあいましょう。裁判所の勇気ある判断を市民が支えましょう。子どもたちが郡山でなくどこかよその町にいたとしても、風の中を頬を真っ赤にして走り回り、木苺を摘んで食べ、笑顔を輝かせることができるならば、それは私たちの喜びです。

雨の中ですが、郡山の子どもを守るために一筋の光の川となって、一緒に歩きましょう。

有難うございました。

4　止むに止まれぬ思いの、一四名の子どもたち

〔編者より〕二〇一二年二月十六日、東京弁護士会館にて。「ふくしま集団疎開裁判」に関連して、「世界市民法廷」という催事が行なわれた。類子さんは柳原弁護士、高橋幸子《ゆきこ》さんと並んで記者会見に臨んだ。

裁判を起こすにあたっての福島の状況を文章にしたものがありますので、それを読ませていただきます。

頬を真っ赤にして風の中を走り抜け、木苺を頬張り、虫取りに胸を踊らせ、雪面を転げ回る……それが福島の子どもたちでした。3・11、福島第一原発の巨大事故により、福島はすっかり変わってしまいました。疎開裁判(1)の申し立て人である一四名の子どもたちが住む郡山市では安定ヨウ素剤の配布もなく、放射能測定値が公表されない中で多くの市民が目には見えない放射能に曝されたのです。息子を給水車の列に並ばせてしまった父親がいました。毎日、屋外で部活に出

(1) 二〇一一年十二月十六日に福島地裁郡山支部は、一〇〇ミリシーベルトまでは安全であるという説を根拠に、この訴えを却下していた。

掛けた高校生がいました。卒業式を行なうという学校の指示に従い、避難先から娘を連れて帰ってきた母親がいました。

ＳＰＥＥＤＩのデータを始めとする情報は隠され、安全キャンペーンにより事故は矮小化されました。文科省の年間二〇ミリシーベルトの基準に象徴されるように、さざまな基準値が突然、引き上げられました。不安と恐怖の中で親たちは必死で子どもを守ろうとしてきましたが、行政による子どもたちの命と健康の確保は除染という方法しかなされませんでした。避難区域に指定されていない郡山市の子どもたちには、命と健康を確保するためには自主避難という方法しかありませんでした。しかし自主避難は子どもたちにとっては友だちと分かれ、知らない世界に飛び込まなければならないことでした。親たちにとっては大きな経済的負担や家族が分かれ分かれになることが余儀なくされるため、その選択を誰もができたわけではありません。そのような中で中立人となった一四名の子どもたちは止むに止まれぬ思いで、福島集団疎開裁判を起こしたのです。

5　子どもを助けない国、子どもを助けない自治体

〔編者より〕集団疎開裁判街頭集会（二〇一三年五月十八日東京・新宿駅東口）にて。

どうも皆さん、今日は。こんなにお天気のよい土曜日に、今なお放射線に曝され続けている子どもたちのために、こんなにたくさんの方々が集まってくださっていることに、心から感謝をいたします。

福島原発事故から二年の月日がたちましたが、事故によって破壊された原子炉からは今も毎日、二億四〇〇〇万ベクレルの放射性物質が放出されています。つい最近、福島市の図書館の駐車場の土からは、一キログラムあたり四三万ベクレルのセシウムが検出されました。

今週の初めに私も福島市に行きました。そしたらちょうどドイツのテレビのクルーが来ていました。その方々が測定した駅近くの駐車場の隅っこは、地面の上で毎時六五マイクロシーベルトありました。驚くようなホットスポットは福島市だけでなくて、郡山市にも至るところに潜んでいます。

昨晩のＮＨＫニュースでこんな報道がありました。福島県内で除染が行なわれたのは、まだ一

○%に満たない、そしてその中の七七%は年間一ミリシーベルト未満にならないのだそうです。除染をしてもならないのだそうです。産業技術総合研究所の中西フェローという方が、「除染の見直しが必要だ」ということを言ったそうです。そして、「高線量のところは移住の必要があるのだ」ということを言ったそうです。NHKのニュースで昨日、報道されました。

事実はもう隠せないところにまで来ているのですね。そして今回、この裁判所が出した判決[1]は郡山市に住むことの危険性を認めながら、そこを出る手助けはしないということなのです。勇気をふり絞って原告となった子どもたちへの答がそれです。

子どもを助けない国、子どもを助けない自治体、私たちの住む社会はこんなところなんです。これでいいのでしょうか？　大人として恥かしい限りです。

お集りの皆さん、そして道行く皆さん、原発事故は何も終わっていません！　被災地ではたくさんの人々が苦しみ、特に子どもたちが危険に曝されているのです。どうかこのことに関心を持ち続けてください。無関心は悪しき状況を支えてしまいます。

子どもたちの命と健康を護るための具体的な方法を一人ひとりが考えていきましょう。最善を尽していきましょう。有難うございました。

（1）二〇一三年四月二十四日に仙台高裁の判決が下りた。

6　ここは女風呂です

〔編者より〕「女たちの一票一揆」は泊原発の反対運動を続けてきた泉かおりさんの提起で始まったもので、脱原発を目指して政治を変えていくために、具体的に選挙に取り組んでいこうというものであった。二〇一二年八月二一日の発足集会（衆議院第一議員会館）には全国から一六〇人ほどが参加、以後、毎月第四金曜日の定例の会合となった。

今日は。

北海道の泉かおりさん(1)が提案者になってくださって、「一票一揆！　女が変える！　政治もくらしも原発も！」というタイトルで一回目を開くことになりました。

どうして、女たちの定期的な集まりというものがあったらいいかなって私が思ったかって言いますと、このものすごい原発事故が起きて、私はこの世の中はひっくり返ると思ってたんですよね、もう。いろんなものがどんどん変っていくっていうふうに思ったんですね。ところが、大飯

（1）泉さんは《Shut泊》の代表であった。3・11以後、病をおして活動されていたが、二〇一三年三月に逝去された。

原発の再稼動に象徴されますように、何だか、変わらない、何も変わっていかないじゃないかって、そういう思いをものすごく強くしています。

もちろん市民の間で変わっていることはどんどんあるんだけれども、特に政治の場で、なかなか変わっていかない。そういうことをすごく感じています。で、こんな原発事故が起きて、日本中に放射能が降り注いで、人々が本当に困難な毎日を暮らしている中で、今、世界が変わっていかなければ、私たち一人ひとりが大切にされる世界というのは、生まれないんじゃないかと思うんですね。

本当に新しい価値観ていうのをこの場で作っていかなきゃならないんじゃないかって思っています。そのためには、今まで本当に男の人たちがたくさん、この社会の矢面に立って、経済成長をしてきました。でも、その陰でやっぱりいろんなものが犠牲にされていたって思うんですね。それで、ここは一つ、女も、女こそが、前に出て、いろんなことを考えて、そして、作っていかなくちゃならないって思っています。

私、福島原発告訴団っていうのをやっているんですけれども、告訴の相手、被告訴人は一人の人を除いて全員、男性なんですね。この原発社会というものも男性が作ってきたんだっていうことが、分かると思います。それで、特に男性を排除したいと思っているわけではありません。言わばですね、ここは女風呂だと思っていただければいいんですね。女がお風呂の中であれこれ喋りながら、新しい何かを考えていこうよ。あの、何かいい道を探っていこうよ。そういう思いで、女たちの集会というのをやりたいなと思いました。

ちょっとこの政治のことに絡めてお話ししますと、私の友だちにルワンダという中央アフリカの国の人がいるんですけど、その国は今、女性の国会議員が五四%なんだそうです。マリールイズというんですね。マリールイズというんですすけども、ちゃんと五〇%を超える人が女性の国会議員になっているんですね。

そのマリールイズに「どうしてそんなに女の人たちがたくさん国会議員になっているの？」って聞いたんですね。ものすごい内戦があって、たくさんの男の人がお互い殺し合ったわけですよね。それで男の人がいなくなったからなの？　って聞いたら、「違います」って言われました。やはり男の人たちに任せておいたら、こうやってお互いを殺し合う戦争がまた起きるから、だから女性が出ているんだっていうことを彼女が言っていました。

実際、ルワンダの国が今どんなふうになっているのか、私もよくは分からないんですけれども、やはり、平和、そして人々が気持ち良く生きられる世界というものに、女の人が生活の中から、ご飯を食べてるお箸を置いて、そして平和のために駆けつける、みたいなね、そんな感覚がとても大事なんじゃないかなって考えています。

今日、お集りくださった皆さんお一人おひとりが本当に、この世界を変える力をもっているんだと思います。だから皆で話し合って、ワイワイと女風呂で話し合うような気持で話し合って、何かが生まれていけばいいなって思います。

7　経産省前テントひろば一周年に寄せて

〔編者より〕二〇一二年九月十一日に経産省前テントひろばで行なわれた「一周年集会」での挨拶。

皆さん、今日は。

経産省前テントひろばの皆さん、そして十月十日《とつきとうか》の椎名さんをはじめ、それを支えてきた皆さん、そしてそこに繋ったたくさんの皆さん、本当に本当に三六五日、そして十月十日、お疲れ様でした。本当に有難うございました。何か、感激してしまいまして……。

暑い日も寒い日も、ここに身を置き続けるというのは本当に大変なことだったんじゃないかな、と思います。武器も持たない、お金も持たない、権力も持たない普通の市民たちが自分の身一つをそこに置くことで抵抗するという、そういう新しい形の一つの運動というか、抵抗がここにはあったのではないかと思います。

そして一人ひとりがそこに繋って、聳え立つ経産省のこのふもとで、幾重にも幾重にも拡がった、一人ひとりが、どんどん繋っていく、拡がっていく、というのは本当に新しい形だったのではないかと思います。この意味は本当に深いです。

　このテント広場の存在は本当に大きいものだったと思います。私たちもどれだけ助けられたか分かりません。そして今日は福島原発告訴団としてお話しをさせていただくことになりました。原発事故から一年半経ちましたけれども、今、福島では、まだまだ困難な状況が続いています。一年経った頃から、厳然とそこに放射能がありながら、「復興」という言葉が叫ばれはじめました。そしてその「復興」の名のもとに、もうこの事故はなかったものだ、終わったものだというふうにどんどん風化させられているという状況があります。

　しかしその中で、低線量被曝地帯の中で、人々が、そして子どもたちが今でも暮らさざるをえない状況なんですね。そこで私たちは考えました。どうしたら、この事故の責任を明らかにできるんだろうか。そして去年の七月に作家の広瀬隆さんや明石昇二郎さんが行なった「告発」ということを知りました。そして私たちは今年の三月の十六日に福島原発告訴団を結成しました。三ヵ月かかって、福島県民、福島に停まる者も避難をして県外にいる者も合わせて、一三二四人の告訴人を集めて、六月十一日に福島地検に告訴いたしました。

　で、八月一日に正式受理されましたけれども、これから検察の捜査が入っていくと思うんですね。でもこの捜査が本当にキチンとしたものとしてされるかどうか、そして起訴に持っていけるかどうか、それはこれからですね、日本中の人々がこのことをしっかり見ている、しっかり追及しようとしている、というその世論が高まっていくことがとても重要だと思っています。

ここで私たちは全国一〇カ所に福島原発告訴団の事務局を作りました。北海道から九州まで、一〇カ所に作りました。そして日本中の人に呼び掛けて、一万人以上の告訴団を結成しまして、十一月に全国・第二次告訴をしたいというふうに思っています。

今日も先ほどの元気のいい歌を歌ってくださった方が、「私も告訴団に入りました」、と言ってくれました。あんなに若い人が当然の国民の権利としておかしなことはおかしいんだと訴えるということをしてくれたんですね。

私たちは、私たちの世代は、こんなにものすごい核のゴミをこの世の中に残してしまいました。便利さと引き換えに、とんでもないものを残しているんですね。それを若い人たち、子どもたちに押し付けていくしかないんです。この責任を私たちはここで取らなければなりません。せめて、この原発事故の原因を追及し、誰に責任があるのか、どこに責任があるのかを追及し、キチンとした裁判をしてそして間違った道を直すという……せめて、それを私たちが今、やらなくては、誰がやるのでしょうか。

大人の責任として、どうか皆さん、告訴団に入団してください。よろしくお願いいたします。そしてこの告訴とともに、この経産省前ひろばが本当にどんどんどんどん新しい拡がりを見せていくことを願ってやみません。

本当にテントに繋がる皆様、お疲れ様でした。有難うございました。

8　アクションプロジェクト武藤類子共同代表よりIAEAジル・チューダー報道官へ

〔編者より〕二〇一二年十二月十五日から三日間、郡山の催事施設《ビッグパレット》でIAEAの世界閣僚会議が開かれた。また、福島にIAEAが常駐することも発表されていて、市民によるIAEA監視グループ《フクシマアクションプロジェクト》が結成され、類子さんは小渕真理さん、関久雄さんとともに共同代表になった。会議の初日、抗議活動の一環としてビッグパレットの駐車場で、IAEAの報道官に要請書を手渡した。その際の発言である。

私からお願いしたいことがあります。覚えておいて欲しいことは、それは福島県はもう脱原発を決めたということです。

それからもう一つ、IAEAはぜひ、チェルノブイリの真実を語ってください。チェルノブイリの健康被害の真実を語ってください。そして放射線防護の基準を見直してください。決して放射線の過小評価をしないでください。

命よりもだいじなものがあるでしょうか。そして最後のお願いです。今日から三日間行なわれている会議では、原発の安全性についてではなくて、原発の危険性について語ってください。そして世界中の原発をなくすという合意の会議に切り替えてください。

9　今、福島で何が起こっているのか

〔編者より〕二〇一二年十二月十六日、市民会議「海外からみた福島原発震災・福島から考える未来」（フクシマアクションプロジェクト主催・於：郡山女子大）での発言。IAEAが郡山で開いた「世界閣僚会議」に対抗し、同時に東京で開催されていた《Nuclear Free Now》というイベントとも連動した集会だった。パネルディスカッション形式で、他のパネラーとしては、オリヴィエ・フロランさん、クリストフ・エランさん、天木直人さん、吉野裕明さんなど。

皆さん今日は。私は三春町というところに住んでいる武藤類子と申します。私の家は原発から約四五キロのところにあります。昨年三月十一日に原発事故が起きて、福島がいったいどんな状況になっているのかということをお話ししたいと思います。ここに福島の方がたくさん会場に来ておられますけれども、皆さん一人ひとり、本当に一人ひとりに困難があった、という状況なんですね。そのことについて語り切れませんけれども、代表的なことをお話ししたいと思います。これが福島原発の三号機と四号機の写真ですね（写真は省略）。四号機がたまたま点検中でした

ので燃料棒が、原子炉から使用済み核燃料プールに移っていました。今、一六〇〇本の核燃料が入っています。つい昨日も地震がありましたけれども、ちょっと前にも大きな地震がありましたね。この地震で、この燃料棒の入ったプールがいつ崩れるだろうか、そしてこの燃料がさらに爆発しないだろうか、という不安をもっています。

それから三号機はついこの間、瓦礫の撤去作業中に鉄骨が燃料プールに滑り落ちる事故がありました。近寄れないので、鉄骨が外に転がっています。それで、クレーンの操作を間違えて、鉄骨が入ってしまったんですね。プールの中を覗いたらさらに二本の鉄骨が入っていたということが分かりました。

それから二号機の建物は壊れていないんですけれども状況はいちばん深刻でいちばん線量の高いところが原子炉格納容器の上の部分だと言われています。それは七三シーベルトあるそうです。人が一分間そこにいたら一〇〇％死亡するという数値だそうです。生身の人間がここに入ることができるようになるためには、三百年かかる、と言われています。

そこで今、一日三〇〇〇人の労働者たちが働いています。年間五〇ミリシーベルトが彼らにとっての許容数値でしたけれども、いきなり二五〇ミリシーベルトに引き上げられたんですね。夥しい被曝の中で作業をしているという状況です。そこで働いている人たちは約六〇％が福島県民だと言われているんですね。仕事を失くした人たちや田畑で食べものを作ることができなくなった人たちが原発労働者として多く働いています。

これは福島県内に二七〇〇カ所あるモニタリングポストです。これは三カ月ぐらい前の郡山駅前、東口というところですね。〇・九九八、約一マイクロですね。で、こういうホットスポットが今も町の中にたくさん存在しています。もっと高いところもあります。このモニタリングポストに関して、疑惑が持たれたんですね、これは本当に正しい数値なんだろうかということが言われていました。どうも、測っている測定値の線量と違うようだと、気付いた人たちがたくさんおられたんですね。

モニタリングポスト（郡山駅前）撮影・佐藤真弥

それで安心・安全プロジェクトの人たちが測って、それからグリーンピースジャパンというところも測りました。そしたらどうも数値が低く出ているものが多い、すべてのではないんですけれども、多いということが分かりました。で、どうしてなのかということで、発表されたのは、これはソーラーパネルを使った自家発電の装置なんですね。それで発電された電気

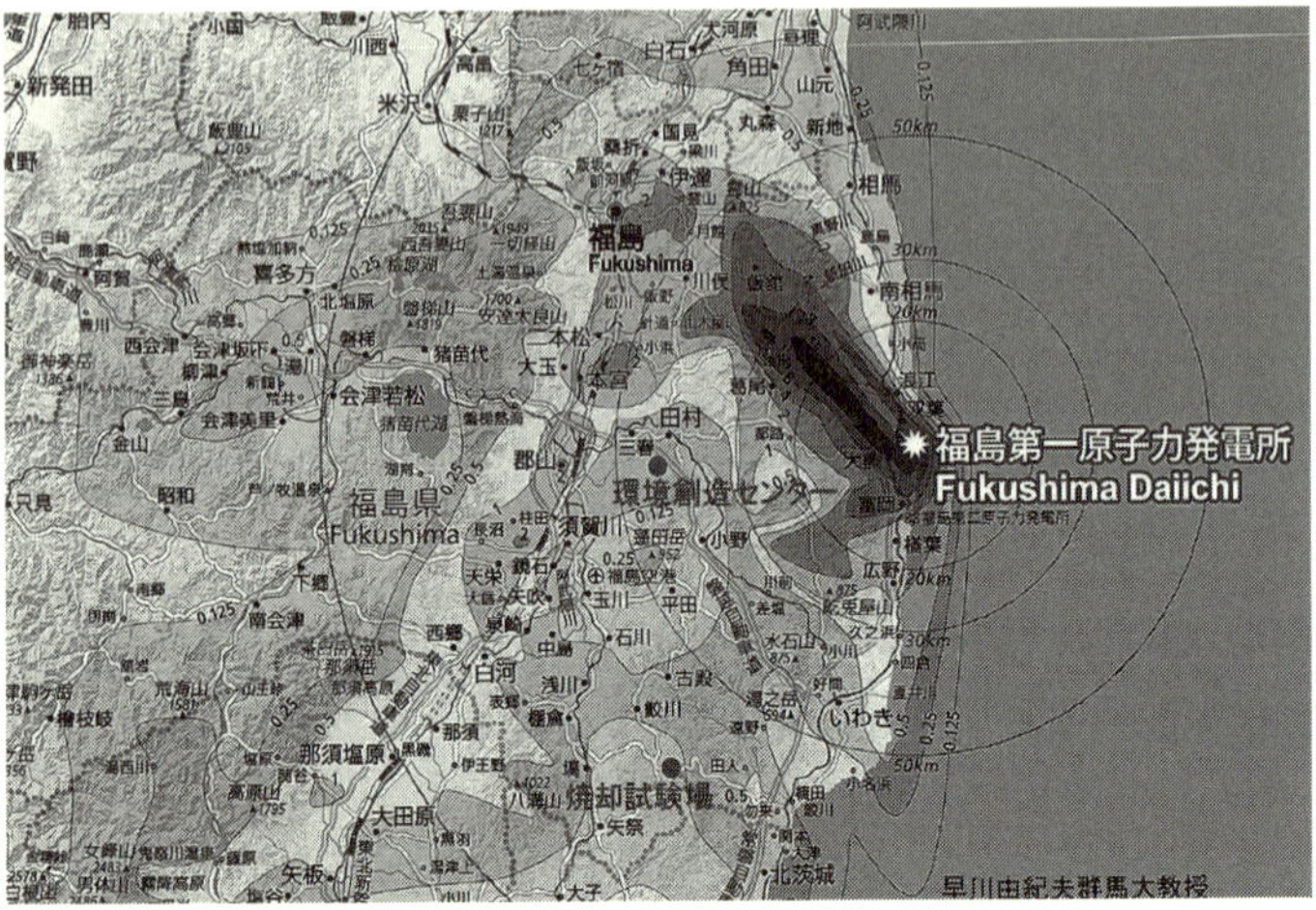

早川マップ上に環境創造センター他を図示

がバッテリーに蓄められます。バッテリーの中には鉛が入っています。鉛で遮蔽されて、線量が低く測られているのではないかということも言われています。あとは、このモニタリングポストを設置する前に測るところだけを除染しているのではないかということも言わています。

次に、これを測定した半月後に私が同じ場所に行ったら、〇・五マイクロシーベルトに変わっていたんですね。それで、どうしてかなっと思ったら、そこを除染したと言うことを聞きました。この広場だけを除染したということです。このように、自分たちが住む場所の空間線量という最低限の情報すら私たちは得ることができない、というふうに認識しています。

これは早川先生という方が出しておられるマップ[1]ですけれども、放射線は日本中にとても広く拡散しているのですね。こういう中で福島市や郡山市は、非常にたくさんの人がいるんですけれども、未だにとても高い線量です。それから、チェルノブイリで言えば「避難の義務のある地域」あるいは「避難の権利がある地域」に未だにたくさんの人たちが暮らしています。子供たちもそこに家族といます。この原発事故があってすぐに、日本の国はデータを隠すことや安全キャンペーンを張って、「この事故は大したことないんだよ」っていうことを言い、そして基準値を上げるということをしました。

それによって福島県民は、もしかしたらしなくても良かったかもしれない被曝をたくさん強いられたっていうことがあるんだと思います。

これは川内村《かわうち》という村です。原発から二〇キロくらいのところです。この村は原発事故があってすぐに全村避難ということになって、全員で避難したんですね。ところが一早く、全村帰村、帰村宣言をしたんですね。二〇〇〇人くらいの小さな村なんですけれども、すべての家を除染して戻る、ということを決めました。これは（二〇一二年）八月に私が写した川内村です（次ページ写真）。ここで除染の作業というものが行なわれたわけなんですね。これはどういう除染かと言いますと、家のまわりを二〇メートルも木を切って、それから敷地の中の木を全部、抜いて、五センチも土を剥ぎます。そして新しい土を入れて整地をするという、それで終わりなんですね。それで一軒めを除染して次々とやっていくと、一〇軒くらいまでいくと、最初にやった家がまた

（1）＠nistarという方が、公的機関の発表数値などをもとに作成した汚染地図を、地質学者の早川由紀夫氏が見やすい色分けで編集し直した。ここでは、さらに加工して使っている。

川内村で除染を終えた家の敷地の様子　撮影・佐藤真弥

元の線量に上がっているということを言っていました。たまたま私の友達がこの除染作業に出ているんですけれども、そういうことを言っていました。

これは先ほどの家の道路を隔てた向かい側です。先ほどの家から出た除染のゴミですね。土や切った木の枝などがここに入っています。これは一メートル二〇センチくらいの大きな袋なんですけれども、ここに線量計を近付けたら四マイクロシーベルトありました。こういうものが今、福島県中にたくさん置いてあります。山の中の村では、こうして仮置き場にするところもあるんですけれども、町の中ではちょっと大変です。置くところがありません。だから家を除染して出たゴミは、自分のうちの庭に穴を掘って、そこに埋めて土を被せる、またはブルーシートを被せただけっていうところも中にはあ

石の家から出た除染ゴミを詰めたフレコンバッグ　撮影・佐藤真弥

ります。

一年と九カ月たったわけなんですけれども、未だに放射線は原発から毎時、一〇〇〇万ベクレル放出されていると言われています。この間、こういうことがありました。農業試験場というところで大根を測ったんですね。まったく放射能の出ない大根を測ったんですけれども、それを切干し大根にしたんですね。切って外に干しました。そしたら、三〇〇〇ベクレルになったということを発表しました。だから放射性物質はまだまだ私たちのまわりにたくさんあるっていうことですね。数字にもなっているということですね。

そして、約一年たった頃から、福島では「復興」ということが言われ始めたんですね。先ほど、佐々木慶子さんがおっしゃっていましたけれども、子供たちを復興のシンボルにしています。例えば、子供の参加するマラソン大会とか、スケッチ大会が外で行なわれるようになり、学校の外に出る制限時間が解除されました。外でのプールも行なわれるようになりました。他県の子供たちがいわき市の瓦礫の片付けのボランティアに行ったということもニュースで聴きました。

それから、最初に行なわれた安全キャンペーンと同じでない、もっと違った形の「放射線安全キャンペーン」が始められつつあるように思います。例えば、子供たちがよく行く施設で、「正しく怖がる放射線」っていうことをやり、それから伊達市ではICRP第四委員会の委員長であるジャック・ロシャール氏が来まして、市民との対話集会、ダイアローグというのがありました。

賠償はどんどん遅れ、借り上げ住宅の新規打ち切りという案も出ているんですね。福島県民をどんどん元に戻して、元のところに住まわせるということです。福島県も自治体もそういう取り組みを進めています。他で暮らす、あるいは避難をすることが選択肢になれない状態になっています。

これは一昨日、行なわれたIAEAの人々の福島原発の視察ですね。真ん中に天野さんがいます（写真は省略）。私は三春町というところに住んでいますけれども、私の住んでいる町に今度、福島県の「環境創造センター」というものができます。ここにIAEAが常駐することになっています。約六〇億円を使って作るそうなんですけれども、ここに関係している構成メンバーはと言いますと、JAEA（日本原子力研究開発機構）、国立環境研究所・資源環境廃棄物研究センター、日本原子力学会、それから放射線防護研究センターですね。そして日本大学と福島大学も入るということになっていますね。

計画書に出てくるのは、環境放射能等のモニタリング、廃棄物処理の研究・情報収集・発信、それから研究交流機能っていうのがあるんですけれど、放射線の影響に関するリスク・コミュニケーションなんかが研究されると言われていますどういった形でどんなふうに行なわれていくのか、とても不安に感じます。

先ほどの方もおっしゃっておられましたけれども、こうしたことが私たちにはまったく何も知らされないで決まってしまったんですね。すべてが私たち抜きで決められていくという感じがしています。福島県が三春町に説明に来るっていうことになったんですけれども、出席できるのは議員と区長だけで、一般住民は入れないということなんですね。そういう中で進められていくのだ、というふうに思います。

10　三春に建設される環境創造センター

〔編者より〕二〇一三年四月二十一日、日比谷コンベンションホールで行なわれた「チェルノブイリ・フクシマを忘れない！」集会での発言より抜粋

ここはですね、実を言うと私の家のすぐそばなんですけれども、田村郡三春町というところの工業団地なんです。工業団地の一角に広く空いている所があったんです。ここに福島県が環境創造センターというものをつくるんだそうです。

三春町と南相馬市の二カ所つくるんだそうなんですけれども、三春町の場合には建設費六〇億円。南相馬市は一五億円だったかな。そして様々な予算全部で一九〇億円という莫大なお金を使うんだそうなんですね。このなかにＩＡＥＡが常駐するんだということを聞いていたんですね。そこで、つい二、三日前なんですけれども、県庁に参りまして、ＩＡＥＡのことなどについて説明を求めました。

福島県の職員の方々に聞いたんですけれども、ここに建物が出来るのは二年後なんですが、もうすでに今年中に福島県庁の隣の建物にこのＩＡＥＡの部屋が出来るんだそうです。「緊急時対

工業団地内の環境創造センター建設地　撮影・佐藤真弥

応能力研修センター」というもので、アジア太平洋地域で核の緊急事態が起きた時に「どう対応するか」という訓練センターみたいなものが、ここで、福島で行なわれるということなんだそうです。

私はよく分からなかったんですけど、ＲＡＮＥＴ（IAEA Response and Assistance NETwork）というもののいろんな機器とかを福島県に置いてですね、それの使い方なんかを研究するんだそうです。

「被曝地福島」でそういう訓練がされるということに、ちょっと複雑な思いで帰ってきたんですけれども、で、そこにやって来るというＩＡＥＡは、三春の建物が出来たらそこに移行するんですけれども、福島県として最初に発表していたのは、福島県とＩＡＥＡとの協力で、放射線のモニタリング、そして除染、それから廃棄物処理に関する研究をするということですね。それから人々に対する放射線の教育とか広報をすると言ってたんです。でも、もともとの目的は、その緊急時対応能力研修センターということのようなんですね。

この環境創造センターの中にはＩＡＥＡの他にＪＡＥＡ、それから国立環境研究所、そういうものが入るんだそうです。それで県の方に、そういう言わば推進機関ではなくて、もっと市民の立場に立った世界的な研究者を、そこに混ぜていただくということは出来ないのでしょうか？ということを聞いたんですけれども、「除染などに関してはＩＡＥＡが世界最高水準だ」ということを言っていて、「そこにお願いするしかないんだ」というんです。

「県としては『今まで推進してきたことに対して責任を取れよ』という意味もあります」というふうには言っていたんですけれども、なんだかあまり……、こうちょっと心もとないと言いますか、「いずれそこがどうなっていくんだろう」ということがとっても心配なんですね。

家の近くなものですから「どんなふうになっているのかな？」としょっちゅう見に行っているんですけれども、一週間ぐらい前には地質調査というものが始まっていました。

三月十一日から十月三日まで、けっこう長い期間の調査をやるようで、上の方にちょっと小さくボーリングの機械が写っているんですけれども、結構大規模なボーリングの調査をやるみたいなんですね。だから大きい建物が建つのかな？　というふうに思っています。

このＩＡＥＡのことに関しても、本当に私たちは素人なので何ができるか分からないんですけれども、とにかく県にある程度の交渉ができる場をつくり続けて発言したり、質問したり、そういうことを続けていこうと思っています。

11 「復興」は虚ろな言葉にしか聞こえません

〔編者より〕二〇一二年四月七日、日本教育会館(東京都千代田区)での集会「もう原発は動かさない! 女たちの力でネットワーク」より。落合恵子さんの講演に続く、鎌仲ひとみさんのコーディネートによる、小笠原厚子さん、菊川慶子さんと一緒のパネルディスカッションであった。

今日は。

昨年(二〇一一年)の十二月に野田首相が収束宣言というのを出されましたけれども、何も終わっていないっていうのが福島県の中の人間の共通の思いだって思っています。一年たって、さらにいろんなことが起きてきているので、そのことをお話ししたいと思うんですけれども、まず最近、三月くらいから地震がすごく多くなってきて、結構、揺れるんですね。

それにやっぱり四号機のことがものすごく皆、不安に思っています。四号機、少し建物が傾いていて、そこに補強材が入っている状態ですけれども、また大きな地震があって、あれが崩れた時にどうしようっていうのは本当に皆、思っています。で、私も、皆もだいたいガソリンを満タンにしているんですね、いつも。何かっていう時に逃げられるように、私の家では避難箱を一人一個ずつ持っていて、皆、大事なものを入れておいたりとか、そんなふうな状況でいます。一方で、「復興」っていう言葉が一年たったら出てきました。「復興」っていう言葉が、どうしても私にはひどく虚ろな言葉にしか聞こえないんですね。そして「復興」は「除染」とセットになっているんです。

除染っていうのは放射能を無くすことなんですけれど、無くなりはしないですね、どうしてもね。事故の後すぐに沢山の方が入られて、除染の研究をしています。いろんな実験もしているんですけれども、ここ一年たって、だんだん私たちの中にあるのは、まあ「限界がある、無理じゃないの」っていうふうなね、そういう言葉が徐々に増えつつあるんですね。

確かに子供がいる学校とか通学路とか、そういうところをしなくてはならないっていう緊急性はあるんですけれど、山であるとか、まあ私のところも山を背負っている家なんですけれども、そういうところで除染をしても、いったん下がった線量がまた上がってきているっていう、そういう状況です。

屋根の上を除染してもその水が今度は側溝に入って、側溝の泥の放射線量が上がっているとか、そういう状況なんですね。本当に、もしかしたら、無理なんじゃないかっていうのがこう、段々、言われている感じがします。

それから、除染をするから、もう大丈夫だよっていうことで、「帰村宣言」とか、そういうのが出されて、もう「帰ってこい、帰ってこい」っていうメッセージが出されてきているんですね。それで、遠くに避難している人のところにも直接、村長から電話が入って「もう大丈夫、綺麗になっているんだから、帰っておいで」っていうようなことが言われていますね。

でもその村で、小学校を再開するために親たちが一所懸命除染しているんですけれども、皆、ものすごいマスクをして、白い防塵服を着て、必死になって掃除をしているっていう、そんな状態なんです。

そしてまあ、いろんなことが本当に起きていて、食べ物のことなんかも、一年たって基準値が今度、下がることになったので、最近では一〇〇ベクレル以上は報告されるわけなんですけれど、今までは五〇〇ベクレル以下のものは、以下っていうことで流通していたわけです。どれだけ高い数値が出ていても、五〇〇以下だったら表示されることはなかったわけですね。その間に本当にたくさんの内部被曝が起きているんじゃないかっていう怖れがあります。

それから「安全キャンペーン」っていうのがあったんですけれども、放射線健康管理アドバイザーっていうんですか、そういう長い名前の方が事故後すぐに来られたんですね、福島県に。そしてたくさんの講演会、そしてテレビにラジオ、そして「市政便り」とかで、まあ、「安全だ、安全だ、大丈夫だ」っていうキャンペーンを張りました。そういう表立ったキャンペーンはあんまりなくなったんですけれど、今度は小さい公民館の集まりであるとか、癌撲滅キャンペーンの集会であるとか、そういうところの四番目くらいに、その人が出てきて、やっぱり繰り返し安全キャンペーンっていうのは、規模と姿を変えてなされているっていう状態です。

本当に国はものすごく莫大なお金を除染に投入しました。それで除染のための業者が、もうたくさん入り込んでいるわけなんですね。その方たちがいわき市であるとか、警戒区域以外のちょっとした大きな土地に群がって、ちょっと賑わっているっていう感じの状況で、原発城下町は今、いわき市にあるっていうか、そんな感じもあります。

それから、そうですね、その除染に関してやっぱりお金がどんどん来るので、皆やらざるをえなくなるんですよね。ただ、どんなふうな除染が効果的かとか、どういう基準でどういうふうにやりなさいとかが何もなくて、みんなバラバラにされているので、どんどん、国、県、町、そして地区っていうふうに丸投げされているから、まあ、皆しょうがなくてやるっていう人もいれば、なんの防護もしないでやる人もいるっていうそんな状態だけれども、皆が出る地区の除染作業に出ないわけにはいかない。そういう感じも出てきているんですね。

遠くに避難している人に電話がかかってきて「明日は地区の除染の作業だけれど、まさかきれいになったところに帰ってくるでねえべない」って。そういうことがね、言われたりするんですね。でも、それがやっぱり同じ被災者で残っている人も辛いんですよね。そうして作業することにも、「皆やっているからやるけれど、本当は自分たちだって嫌だ」っていう思いをもつと思うんですよね。

そういう生きにくさっていうのがものすごく深まっています。まあ、食べ物についてもそうですし除染についてもそうだし、避難とか保養についてもそうだし、地元に残っている人たちの間で、避難とか保養とか放射能に関する怖さとかを口にすることが、すごくし辛くなっているというような状況があって、人々の分断っていうのが本当に微に入り細に入り、いろんなところに知らないうちに放射能が入り込んでいるのと同じように、その分断が入り込んでいるっていう感じが、ものすごく今、しています。

そしてやっぱり一年たって、上滑りっていうか、内実のない復興だけで「復興！復興！」って騒がれるので、皆やっぱりそれをしなくちゃいけないんじゃないかという思いになるわけですね。で、この間、びっくりしたんですけれども、栃木県の中学生が二〇人ぐらい、いわき市の瓦礫の片付けにボランティアに来たっていうのがテレビのニュースで流れていたんですね。本当にびっくりしました。

いわき市っていうのは、原発から南に三〇キロから五〇キロくらいの間にある大きな市なんですけれども、本当にたくさんの放射性物質が降った地域でもありますし、まあ、今は線量は低くなっていますけれどね。でもたとえ放射能がなくなっても瓦礫の中っていうのは沢山の化学物質であるとか、アスベストとかがあると思うんですね。そういうものを復興という名のもとに中学生に片付けさせるという。子供たちは何かしたいという思いで多分、来ると思うんだけれど、本当に大人のすることをさせていいんだろうかということを感じました。

皆でやはり一年くらいたって、いろんなことを常に選択を迫られているので、疲れてくるんですね。そして、次第にもう放射能に対する警戒を、つい手放したくなるっていう瞬間があると思うんですね。段々もう、聞きたくない、そういうことに心を向けているのがあまりにも辛くなってきているっていう、精神の限界みたいな状況に来ていると思います。

ついこの間も、保養の情報などいろいろ伝えていたある友だちから、「もう言わないで」って言われてしまったんですね。「聞きたくない」って。そういうふうに今まで親しくしていた友だちの間も分断されていくっていう、そういう状況だと思います。

本当にこの一年、この国がやってきたこと、そして東京電力の怖るべき無責任ぶり、そういうものに日々、傷付いて、無力感に襲われているっていう、そういうのが現実の状況だって思います。

12　鮫川の焼却炉と塙のバイオガス発電

〔編者より〕この問題を、類子さんはあちこちの講演で繰返し取り上げているが、ここでは、二〇一三年四月二十八日、東京四谷ニコラパレで行なわれた、海渡《かいど》雄一弁護士とセットでの講演会「福島は問い続ける、フクシマを問い続ける」から抜粋した。

鮫川《さめがわ》村という村があります。ここに八〇〇〇ベクレル以上の農林関係の廃棄物、例えば稲藁ですとか、牧草、そういうものを焼却する実験炉ができることが突然分かったんですね。村の地権者だけに了解をとって、他の村人にはぜんぜん知らされないで、どんどん工事が始まっていたんです。ふと気がついた時には、焼却炉の基礎がもうできていたっていう状況だったそうなんです。気がついた人が、「これはいったい何だ！」ということで村に質問をし、「大変だ」と反対運動を始めました。

この鮫川村は、福島県の中では比較的、線量の低いところなんですね。毎時〇・一三マイクロシーベルトだったかな。せっかく線量の低いところに、焼却施設をもってきて、果してどうなんでしょうか？　さらに汚染地域が拡がるのではないかっていう懸念もあります。

そしてこれは実は環境省が直接やっている仕事なんですけれども、ふつう、焼却炉なんかを作るばあいには必ず、環境影響評価、環境アセスメントというのをやりますよね。一時間に二〇〇キログラムの焼却能力がある場合には必ず環境アセスメントをしなければなりません。でもこの焼却炉の場合は、一時間に一九九キログラムの焼却という申請がされているんですね。これは本当にもうアセスメント逃れの悪徳業者がやることではないかと思うんですけれども、これを環境省がやっているわけなんですね。

この地域は非常に水の豊富なところで、きれいな清水がいっぱいあるんです。ここは隣接するいわき市の水源地にもなっています。茨城県高萩市の水源地にもなっています。二つの市の市民が水源が汚されるとたいへんだって反対運動を始めたんです。それで最初に了解した地権者の三分の二の人たちが撤回をしたんですね。それでいったん、工事は止まりました。

けれども村長さんがやる気満々なんですね。焼却場を誘致したいという思いが一杯で、今、撤回した地権者たちの切り崩しをしているという、そういう状況なんだそうなんです。

この地図を見ていただくと分かりますが、赤い丸の下のほうが焼却場です(1)、ちょっと色が薄いのが分かりますね。原発から近くても本当に奇跡的に線量が低い場所なんですね。こういうところはまだまだ暮らせる可能性のある場所です。

この焼却場の赤い丸(1)の左に真っ直ぐ行くと塙《はなわ》という町があるんですね。これはまた別の話にな

(1) 九八頁の地図参照。下の方にある「焼却試験場」と表示されている丸印。

るんですけれども、この焼却場のことで大変だっていうことになっていましたら今度は、この塙町に木質バイオガス発電所というものができることが分かったんですね。

木質バイオガス発電は原発に比べればもちろん安全でエコロジカルなものというイメージがありますけれど、その燃やす木質というのが、除染で伐採した木を燃やすっていうことなんです。非常に汚染されたものをここで焼却するっていうことなんですね。バグフィルターというものが付いているから大丈夫なんだっていうことを言う方もおられます。でもフィルターというのは新しい付けたばかりの時に、能力の半分くらいでしか働かないんだそうですね。そして段々に目が詰ってくるとフィルターの能力が上がってくる、そして洗うとまたガクっと下がるっていうことで、完全にシャットアウトすることはできないっていうことを言う方もおられます。

それから、灰にはとても高濃度の放射性物質が濃縮されてしまいます。私の家は薪ストーブを使っていたんです。事故の後で積んであった薪を、粉砕して測ってみて、九〇〇〇ベクレルくらいだったんですけれども、燃やして灰にしたら、九〇〇〇〇ベクレルくらいになりました。そういうふうに非常に高濃度に濃縮されていきます。この灰をいったいどうするのか、っていう問題があります。

福島県や環境省で考えているのは、その高濃度の灰にもっと汚染の少ない低濃度のゴミを混ぜてコンクリート固化するという計画なんだそうなんですけれども、私は、それで本当に放射性廃棄物を保管できるかについては、まだまだ疑問だと思っています。

13 「温度差」は作られる

〔編者より〕二〇一三年一月二十六日、大阪府枚方市のサンプラザ生涯学習市民センターでの福島原発告訴団の集会より、休憩後の質問コーナーを抜粋した。この日は、告訴団事務局の地脇美和さんとセットでの講演であった。

一番最初の質問なんですけれども、「福島の小学生・中学生・高校生は外で体育や部活動をしているのですか？　子どもたち自身の意識はどんな感じですか？」というご質問なんですけれども、去年（二〇一二年）の四月にですね、その前までは子どもたちの外での制限時間っていうのが決まっていたんですね、三時間ルールというのがありました。それが去年の四月に解除されました。戸外での授業ですとか、そういうものについては、学校で決めて下さいっていうことになったんですね。学校によってはまだ制限時間を設けているところがありますけれども、元と同じように外での体育や部活動をやっているところもあります。高校とかに至っては、事故から二〜三ヵ月たった頃にもう外での部活が始まっているところもありました。そういう中で外に出ている子どもたちも今、増えているんですね。

でも、最近、こういうことがあったんですね。福島の農業試験場というところが切干し大根を作って外で干して、その線量を測ったんですね。大根そのものには、線量が出ない、NDというものだったんですけれども、その大根を外に干したら三〇〇〇ベクレルになったんだそうです。干した場所によるんですけども。ですから外にはまだ放射性物質が舞っているんですね。特に風が吹けば舞いますし、雨が降れば、当たった人に掛かるっていうことになるんですね。そういう状況の中で、子どもたちは外に置かれているわけですね、本当はマスクなんかが非常に大事なんですけれどもね。マスクを通って入ってきてしまうものもありますけれども、それでもゴミと一緒に入ってくるものはマスクで防げるわけですね。そういうことをやっぱり、大人が本当は注意していかなければいけないと思うんですね。

一昨年の末だったと思うんですけれども、去年の一月だったかな、ある小学校の校長先生に、「ちょっと授業をやってもらえないか」って言われたんですね。子どもたちの放射線に対する意識というのが段々、無くなってくる、忘れてくるので、そのための授業をやって欲しいと言われたんです。子どもと、教員と、それから親御さんですね、親御さんを対象にやってくださいということで、赤い粒々の絵[1]って見たことあると思うんですけれど、それを使って授業をやりました。その時にいろんな質問をしたんですけれど、子どもたちというのは意外とちゃんと分かってるんですね。

「これ、何だと思う?」って言うと「放射能」とかって言うんですね。でも、子どもたちっていうのは本当に、決定権って言うか、そういうものって、よくよく無いなって事故が起きて思ったんですけれども、やっぱり大人の言う通りにせざるを得ないことになるわけです。親が気をつけたり学校が気をつけたりしてあげれば、子どもたちも身を守ることができるんですけども、そうでなければ、放射性物質がある中に放り出されていくわけですよね。そういうことを考えると本当に大人の責任は重大だなと思っています。で、子どもたちにもそういうことをやっぱり注意していかなければ、子どもたち自身の意識というものもいずれは遠のいていくのではないかというふうに思っています。

それから高校生の場合なんですけども、高校生になったりするとやっぱりしっかり、放射能、原発事故のことっていうのは、情報として分かっているわけですよね。でも、まわりが余りに普通な状況がある中で、自分たちのことをもう誰も心配してないんじゃないかっていうことを思っている高校生がいるんですね。ある先生が、自分の一存で、自分のクラスの子どもたちの希望者を遠くに保養に連れていったことがあるんですね。その先生が自ら費用を出して連れていったんだそうです。その時に大人たちが高校生たちのことを心配して、いろんなお話をしていったんですね。そういう中で初めて高校生が「自分たちのことを思っていてくれている大人がいたんだ」

（1）柚木ミサトさんの描いた一連の絵で、放射能が赤い粒々で現わされている。

ということを、その最後の日に話したということを聴きました。そういう中でやっぱり高校生たちももちろん分かっているけれども、自分たちの将来がいったいどうなるのかという不安を皆、持っているんですね。それに対して大人たちがどういう眼差しで、どういう寄り添い方をしていくかっていうことが非常に大事だと思っています。

次の質問なんですけども、「病院に行く人が増えていると聴いていますが、現状はどうですか?」ということなんですね。これは非常に難しい質問なんですけれども、事故から二年たって、本当に皆、くたびれ果てているという状況があるんですね。くたびれればもちろん免疫力も落ちてくるので、具合の悪い人も増えていると思います。でもやっぱり、果してそれだけなんだろうかということを思うんですね。事故からこっち、私も喉の調子がずっとおかしいんです。いろんな症状があるって聴きます。帯状疱疹がすごく増えたということとか、口内炎が増えたということ。私のまわりでも、膝がすごく痛いとか、股関節が痛いとか、骨が痛むんですね。でも私の年齢ですから、当然、目が霞んだりとか、足が痛いとか、そういうことは出てくる歳ではあるんですけども、果してそれが放射線との関係あるかといっても、因果関係を立証することなどはもちろんできないんですけれども、ストレスも含めて、具合が悪いという状況は確かにあると思います。

それからつい最近ですね、続けて四〇代と三〇代の方が心筋梗塞で亡くなったという話を身近で聴いたんですね。それももちろん、因果関係を立証することはできませんけれども、そういうことが耳に入ってきてはいるんですね。そんな状況ですね。

それから、「西日本と福島の放射能や原発事故に対する温度差があると思いますが、どんなふうに思っておられますか？」というご質問なんですけれども、あの、温度差というのは、私などが日本中をまわっているとやはり、お話を聴きに来てくださるのはそういう関心のある方なのでね、特に温度差を感じるということはありませんけれど、でもメディアというのは本当に、現状を知らせていないということだと思うんですね。だから段々、「原発事故はもう終わったんだ」という、そういう認識になっていくのは当然なんじゃないかと思います。だから本当に福島で今、起こっていることを私たちがどれだけ伝えられるかっていうことは、とても重要だと思っています。

ここは関西ですけど、東京に「東京新聞」っていう新聞があるのをご存知でしょうか？「東京新聞」は非常に福島のことをたくさん報道してくれています。そして福島に支局ができたんですね。二人の駐在員の方が福島に来られることになったんです。で、また福島のことをたくさん書いてくださるんじゃないかなって思っています。で、まあ温度差というものは、作られるものだと思います。皆さんもぜひ、関心を持ち続けていただけたらと思います。

（地脇さんの発言が暫くあった後で）

ＩＡＥＡの国際会議の中で、「原発は危い、反対だ」と言った国もあったんだそうですね。それはキューバと、それからナミビアという国なんですね。あそこはウランの鉱山があって、それでたくさんの人に健康被害が出ているということで、そういうことになったそうです。それからマーシャル諸島っていうのは、ご存知のようにビキニの核実験でものすごい汚染をされたところですね。そういうところの方々で反対されている方もおられるということでした。

それから次のご質問なんですけども、「原発から放出されているベクレルについてもう一度」ということだったんですけども、福島原発、四つの原子炉から一時間に一〇〇〇万ベクレルが出ているそうです。一日に換算すると二億四〇〇〇万ベクレルになりますね。海の方はちょっと、海に出ているものはもう、測りようがないのではないかと思っていますが、福島第一原発の港の中で獲れた魚から二五万ベクレルが、ソイという魚だそうですけども検出されたということです。

14　秘密保護法福島公聴会のこと、東電との交渉など

〔編者より〕経産省前テントひろばの裁判では、五月の第一回口頭弁論以来、公判後に弁護士会館または参議院議員会館で報告集会が行なわれ、被告や弁護士、ゲスト文化人などと並んで、福島の女が立ってスピーチをしてきた。第四回口頭弁論報告集会（二〇一三年十一月二十九日、参議院議員会館）での類子さんのスピーチは、告訴団の報告と並んで「知る権利」が柱であった。

今日はじめてテントの裁判を傍聴したんですけれど、次々と弁護士さん、そして被告が本当にまっとうな演説をたくさんしてくださいまして、福島の現状もよく分かる内容で、たくさんの人に聴いて欲しい裁判だなって思いました。私もとっても勉強になりました。

今日は福島のことをちょっとお話ししたいと思います。

今、秘密保護法のことがお話に出ました。二十五日に福島でも公聴会があったんですね。それで、満田《みつた》さんたちが来てくださって、私たちも朝早くから会場に行ったんですね。陳述をする人たちっていうのは、七人いたんですけれども、皆さん、口々に原発事故の時に本当に重要な情報

が隠された、だからやっぱりこの秘密保護法は絶対反対だっていうことを本当に皆さん、素晴しい発言をなさったんですね。

それを、まあ、傍聴券が五〇人分しか出なかったんですね。それで、私はたまたまくださる方がいて入ることができたんですけれども、傍聴席が空いているにもかかわらず、「入れてください、持ってない人も入れてください」っていうことをお願いしたんですけれども、入れてくれなかったんですね。本当に、開かれた公聴会ではないのだなっていうふうに思いました。

そして、その公聴会が終わった次の日に衆議院の強行採決があったということで、何というか、本当に、福島がアリバイ作りに使われたような……それで「福島さえ押さえてしまえば」っていうことでやるのかなって、そういうふうな感じがしました。

私たちが知る権利がある情報が、たくさん隠されていくんじゃないかなっていう不安を持っています。

つい一昨日、東京電力の福島の広報担当者との交渉があって、行ってきたんですけれども、今、核燃料の取り出しをやっていますね。一回目は新燃料だったんだけれども二回目からは使用済みが出されるっていうことで、それは核防護上の理由から公開しないっていうことが新聞に書いてあったんですね。それで、「本当にそれは公開しないのですか」っていうふうに聞きました。

私たちとしては情報があればその夜のうちにガソリンをしっかり入れたりとか、避難をするためのものをクルマに積んだりとか、そういうことをする都合があるから、ちゃんと公開してくださいって言ったんですけれども、すごく、何か嬉しそうな顔をして、「いや、これは核防護の問題なんですよ。私たちは公表したくてもできないんですよ」みたいなね、そんな話を東電はしていました。たいへん、そういうことは困ることだなって思っています。

第四章　告訴団長として

1　福島原発告訴団の結成

〔編者より〕二〇一二年三月十六日、いわき市労働福祉会館大会議室で行なわれた結成集会での挨拶。この集会は脱原発福島ネットワーク、ハイロアクション福島原発四〇年実行委員会の呼び掛けで開催された。告訴団はこの日、規約と基本方針を定め、団長に類子さん、副団長に石丸小四郎さんと佐藤和良さん、ほかの人事を決定した。

皆さん今晩は。

平日の夕方のお忙しい時にこのようにたくさんの方にお集まりいただきまして、心から感謝申し上げます。有難うございます。

3・11から一年がたちました。最初は津波・地震の被害の大きさや、原発事故によって失ったものの大きさに愕然とし、悲しみに暮れる日々を過ごしましたが、時がたつにつれて、この国の驚くべき不誠実さ、そして東京電力のさらに驚くべき無責任ぶりに私たちはさらに傷付き、怒りと悲しみは深くなるばかりです。

このまま黙らされてなるものかと、二月に私たちは保田弁護士さん、明石昇二郎さんそして広瀬隆さんをお呼びして、学習会を開きました。そして告訴団を結成し集団で告訴しようということを心に決めました。そしてその後、会う人ごとにこのことをお話ししますと、ほとんど全員の方が「それはいい、そうだ、やろう！」というふうにおっしゃいました。

それで、皆さん、本当に途方もないこの理不尽さに耐えかねていたのだと思います。でも私たちは「やろう！」と決めただけで、まだ何一つ中身が決まっていないのです。それで今夜、この場所で、いろんなことを話しあい、分からないことを聞きあって、方向性を作っていきたいなと考えています。

告訴というのは、ある人を犯罪者として訴えることなんですよね。それは本当にエネルギーの要ることで、自分自身に跳ね返ってくることもとても大きいんじゃないかっていう気がして、内心、私はとてもドキドキしています。本当は、東京電力やこのことにかかわっていた国の人々やそういう方々が自らの罪を自覚して自首をしてくれれば、一番いいなって思っているんですけれども、今までたくさんの人々に大被害を与えた企業が自ら責任を取るっていうことが、この国に果してあったでしょうか、と思うんですね。ですからやっぱり私たちはこの告訴というものを、やっていかなくちゃいけないと思っています。そうしなければ、若い人、子どもたちに本当に新しい未来を私たちは残せないと思います。そうでなくても、ものすごいたくさんの放射性のゴミと、汚染された大地を彼らに背負わせるわけですから、何としても私たちはこの原発事故の責任が誰にあるのか、キチンと明確にして、その人々に責任を取ってもらうということをしなければならないと思います。私たちはこの行為が本当に正しいことだと確信して、勇気を持って、この告訴の行動を進めていきたいと思っています。

まず、被害当事者である私たちが声を出すことが非常に重要だと思っています。一人ひとりが、自分がいったいこの原発事故によってどんな被害を受けたかっていうことを、それぞれの陳述書に書き、外に訴えていくということがとても大事だと思っています。一人ひとりが新しい未来のために本当に心してこの訴えを貫きたいと思います。どうぞよろしくお願いいたします。

2　福島原発告訴団一三二四人、福島地検へ告訴

〔編者より〕二〇一二年六月十一日、福島市市民会館にて。この日、告訴団はこの会館に集合して短い集会をした後、福島地方検察局に告訴状を提出した。その後、再び会館に戻って、記者会見を行なった。被告訴人は勝俣恒久氏、皷紀男氏、西澤俊夫氏ほかの東京電力幹部、班目春樹氏など原子力安全委員会・原子力安全保安院・原子力委員会の委員、山下俊一氏など福島県放射線健康リスクアドバイザー、文部省の官僚等総計三三名、および法人としての東京電力。刑法の業務上過失致死傷罪と、公害犯罪処罰法第三条への該当が、告訴の理由であった。

福島地検への告訴状提出を前に

皆さん、お早うございます。今日はお忙しい中を本当にこんなにたくさんお集まりくださいまして、有難うございます。昨日まで、シトシト雨が降っていて、今日はここから福島の地検まで歩いていく予定なんですけど、雨が降ったら嫌だなあと思ってたんですけども、スカッと晴れまして、爽やかな風が吹いているとてもいい日になりました。私たちを応援するかのような天気がとても嬉しいというように思います。

今回の福島原発告訴なんですけれども、三月十六日から始めまして、締め切りをしました、六月三日までの間に一三二四人の方が委任状を出してくださいました。本当にこれほどたくさんの方が参加してくださるとは最初のうちはとても思えませんでした。でも、一三二四人、そして、今回声を挙げられなかった、その後ろにいるたくさんの方々とともに、今日は地検に皆さんと歩きたいと思います。

提出後の記者会見

皆さん、告訴団長の武藤類子と申します。よろしくお願いいたします。今日、私たちは一三二四人の福島県民で福島地方検察局のほうに、告訴をして参りました。三月の十六日にこの告訴団を結成しましてから、約三カ月ですけれども、どれぐらいの人たちがこの告訴に参加してくださるのか、とても心配でした。でも、県内で八回くらいですか、説明会を開き、県外にも説明会に参りまして、そこで集まってくださった方々のお話を聞きますと、本当に一人ひとりがどれほど困難な生活をこの一年、強いられてきたか、家を奪われて、そして自分たちの生活を根こそぎ変えさせられて、人権を踏み躙られた、そういう思い、辛い思い、悔しい思い、悲しい思いがヒシヒシと伝わってきて、この告訴を何とか成功させなければいけないと思いました。

最終的に一三二四人になったんですけれども、連日、手紙の束が私のところに届きまして、その一つ一つに、ここに陳述書があるんですけれども、この一枚一枚を読んでますと、本当に、ど

検察局に向う人たちの先頭に立って　撮影・佐藤真弥

れも皆さんの心の中の、心の叫びというものが、書かれておりまして、それがどんどん胸に迫ってくる思いでした。この思いを、無駄にしてはいけないと思います。

そして、必ず、この責任をキチンと取らさなければ、福島の本当の意味の復興などはあり得ないと思っています。またこの告訴は、いろいろな意味があるって思うんですね。一つには、この責任をキチンと問うことが、これからの社会を作る、若い人や子どもに対して、責任を果すということでもありますし、それから、私たち福島県民がいろんな考え方の違いから、たくさんの対立関係を、作らせられているという状況があると思うんですけれども、その県民がまた一つに繋がるという、そういう一つのきっかけになれば、いいのではないかと思っています。

そしてまた、私たちは連日、この事故によって傷つき、疲弊しておりますけれども、この「黙っていない」という、そういう一つの行動を取ることによって、また私たちが力を取り戻すという、そういう意味もあると思います。

今日、告訴状を出しまして、受理はこれからです。そのために、受理してもらい、そして捜査をしてもらい、キチンと起訴をしてもらうまで、私たち、しっかりと検察を見つめ続けていかなければならないと思いますし、私たちにできるアクションがこれからたくさんあるのではないかと思っています。

この日を境に、これからまた、一歩踏み出し、頑張っていきたいと思っております。よろしくお願いいたします。

3　告訴の受理決定を受けて

〔編者より〕原発事故の刑事告訴・告発が東京地検に受理された後に行なわれた、自由報道協会主催の記者会見（二〇一二年八月六日）より。この記者会見には類子さんの他、明石昇二郎さん、広瀬隆さん、告訴代理人（弁護士）の保田行雄さんが出席した。

どうも今日は。福島から参りました武藤と申します。

福島原発の事故というのは本当に想像を絶する大きな事故だったんですね。それで私たちは事故から今まで実に困難な暮らしを強いられてきました。約一年くらいたった頃です、私たちのその困難さ、悲しさ、苦しさ、それに比べてこの事故の責任を果して誰が取ってくれたんだろうか、誰が本当の責任者なのか、それすら分からない、そういう状態であったと気がついたんですね。

その時に、私たち一人一人のもつ困難をどこに訴えていいかも分からない、そんな状態だったんですけれども、たまたま広瀬さんと明石さんが行なわれた告発について知ることになったんですね。そして、今紹介された本(1)を読みまして、「なるほど、こういう方法があるんだ」っていうことに気がつきました。

そして福島の市民の間でそれを勉強しまして、皆で本を買って読みまして、それから今年の二月だったと思いますけれども広瀬さん、明石さん、そして保田先生を招いて、学習会を開きました。

告発と告訴の違い……私もまったく分からないような状態だったんですけれども、その中で分かりやすく説明していただいて、そしてそこの会場は約五〇人くらいの人たちが来ていたんですけれども、口々にこの原発事故によって受けた被害の辛さ、苦しさを訴えて、これを何とかしたいという思いをたくさん語ってくださったんですね。

それで、やはりこの告訴しかないだろうっていうことになりました。そしてそれからまた準備をしまして、今年の三月十六日に「福島原発告訴団」を結成するに至りました。それから約三ヵ月、六月十一日だったんですけれども、そこまでの間に福島県に住んでいる者、それから福島から避難した者、そういう人たちに呼び掛けて、告訴人を募りだしました。

五月ぐらいの段階でもまだなかなか人が集まっていなかったんですけれども、告訴人の一人がまた二人の知り合いにこのことを伝えていこうということで、本当に口から口へと伝わっていきまして、六月十一日には一三二四人の告訴人が集まりました。そして福島地検に告訴をするに至りました。

それからしばらく……その時はまだ正式に受理はされませんで、この書類を、告訴状を預かったという、そういう書類だけをいただいて帰ってきたんですけれども、どんな風に受理されていくのか、そのことがとても心配で、そのことをずっと固唾を飲んで見つめていた、という状態だったんですけれども、八月一日に正式受理という報告を受けました。

ちょうどその日は福島で「エネルギー環境意見聴取会」をやっていたんですね。で、その中で、私のメールに保田先生からのご連絡が入ったんですけれども、その意見聴取会の中でも、三〇人の人が意見を述べたんですね。で、その中で、本当に全員がですね、原発は三〇年も待たずに即時にゼロにして欲しい、それはどうしてかと言うと、私たちがこの原発事故で本当に生活を根こそぎ変えられてしまうことになって、そして、人権を踏み躙られたという思いを、皆、切々と語っていました。

本当にそれだけ私たちにとっては大変な、生き方を変えさせられてしまうようなことだったんですね。そのことに対して、誰も責任を取らない、どこに責任があるか分からないというのはとてもおかしなことだと思います。そして賠償についても、東京電力が主導して決めるっていうこともおかしなことですし、私たちにとっては本当に不思議なことだらけだったんですね。

そしてこの事故の原因追及もされないままに、大飯原発が再稼動されることとか、それから新しく規制庁の人事がされていくとか、そういうことに関して私たちは不思議に思うこととか、驚き、呆れ、そしてまたがっかりして傷ついていく、そういうことの繰り返しでした。

（1）広瀬隆、明石昇二郎、保田行雄『福島原発事故の「犯罪」を裁く』宝島社、二〇一一年

でもこの告訴が正式受理されまして、これから捜査が入るっていうことなんですけれども、そのことに本当に期待したいと思っています。国会事故調、いろんな事故調査委員会の中で解明されなかった部分にも、切り込んで、しっかりと事故の責任追及をして欲しいなと、心から思っています。

私たち、第一次の告訴が終わりましたけれども、これから、第二次告訴をしたいと考えているんですね。全国展開をしていきたいと思っています。福島県民はほとんど皆、被曝の中に生きているわけですけれども、放射能はほぼ日本中に降りました。そして日本中の人がこの原発事故によっていろいろなことを感じ考え、そして傷ついたこともあるし、とても困難を強いられていることがあると思うんですね。そういう人たちと繋がって、ぜひ、たくさんの人でこの事故の責任を追及していきたいと考えています。

そして、このたくさんの人が事件を追及したいのだという、その世論の高まりが検察の後押しをしていくことになるのではないかと思っていますので、これから、その第二次告訴に向けて今、準備をしているところなので、各地に八つぐらいの事務局を作る予定なんですね。それが揃いましたら、また改めて記者会見もしたいと考えております。どうか皆さん、この福島原発告訴団、そして広瀬さんたちの告発、そのことにしっかりと関心を持って見つめ続けていただきたいな、と思います。

よろしくお願いいたします。

4　テントあおぞら放送

〔編者より〕二〇一二年九月十四日から毎週金曜日の夕方（十六時〜）、経産省前テントひろばからの中継番組「あおぞら放送〜テントひろばから」がインターネット配信されていた。類子さんはこれに二回登場して、福島原発告訴団の話をしている。一回目は二〇一三年二月八日で、その日の司会は道下《みちした》敬子さん、上田眞実さんだった。

道下：武藤類子さんです、ようこそお越しいただきました。まずは告訴団の現況を教えていただけますか？

類子：その前にですね、告訴団の成り立ちからお話ししたいと思います。昨年の三月に福島原発告訴団は結成されました。だいたい事故から一年たっていたんですけれども、原発事故の責任がいったいどこにあるのか、誰にあるのか、そういうことがはっきりしないまま、誰も責任を取らないという状況が続いていたんですね。それでやはりこの福島の状況というのがさまざまな面でいろいろ、困難を極めていまして、それはこの原発事故の責任がどこにあるのかということがはっきりしない、それが問われていない、そのことが原因だと思いました。そこで、福島で呼び掛けて福島原発告訴団が結成されたんです、昨年の六月十一日に福島県民、福島県内に住んでいる者も福島県外に避難した者も合わせて一三二四人で第一次の告訴をしました。それは八月一日に受理をされました。

その後に「この原発事故の被害者は果して福島県民だけなんだろうか?」ということを思ったんですね。日本中に原発の放射能は降り注ぎましたし、日本中の人々がこの原発事故に傷つき、心を痛めたんですね。そういうことを考えて、日本中にこの告訴の運動を拡げていこうと思いまして、八月から全国を回りました。私だけでも五〇カ所くらいまわったんですね。

道下:五〇カ所!

類子:はい。一〇〇カ所くらいで説明会を開きまして、十一月十五日までに一万三二六二人の告訴人を集めることができました。そして第二次の告訴をしました。それが十二月に受理をされまして、その後、新聞などの報道によりますと、段々、事情聴取が始まったと言われています。

道下:東電の勝俣前会長ですとか清水元社長ですとか。

類子:そうですね。あと、班目《まだらめ》さんとか、そういう方々が今、事情聴取をされているということですね。一〇〇人ぐらいのリストができていて、順次、取り調べをしているという状況なんだそうです。ただですね、昨日明らかになったニュースがあったんですけれども、国会事故調が第一原発に調査に入ろうとした時に、東電は「一号機のところが灯りがなくて真っ暗だから調査することができない」と言ったんだそうです。でも、本当はそこは灯りが点いて調査ができるはずだったっていうことが、昨日、新聞で明らかにされました。それで国会事故調の田中三彦さんがそのことを訴えておられますけれども、そのようなことが起きていくというのはいったいどういうことなんだろうかと思うんですね。やっぱり強制捜査というのをキチンと入れて、キチンと証拠も押収して、もっと強力な捜査をここでしなければならないいんじゃないかと思っています。

私たちは、厳正な捜査と確実な起訴を求める緊急署名を新たに始めました。今、各地で集めていただいているところです。毎日、私の家にこんな束の署名が参ります。どんどん集まっているところなんですけれども、まだ数としては充分なものとは言えませんので、併せて皆さんに署名をお願いしたいと思っています。そんな状況ですね。

道下：ありがとうございました。署名はもう本当にWEBもあり、手書きもあり、いろんな集め方をされているということですよね。で、その署名っていうのは、もう検察に、「しっかり動いて、捜査してください」っていうそういう意味を込めての、皆さんの声を届けたいということで、またこの二月二十二日には、東京地検を包囲するというアクションがあると伺っているんですが？

類子：そうですね。署名と併せて東京地検に、本当に「ここで、もう一頑張り！」と言いますか、頑張って欲しいという思いがあります。そして、その日に、東京地検をヒューマンチェーンで取り囲もうと計画しています。

道下：十六時に。

類子：そうですね、十六時に東京地検前に集まっていただきたいと思っています。福島からもバスを仕立てて、一〇〇人くらいで来たいなと思っています。今、募集をしているところなんですね。

道下：二月十一日まで受け付けていらっしゃるということなので、福島の方はぜひ、来ていただきたいと思います。

類子：そして日本中からも集まっていただきたいと思うんですね。特に首都圏の皆さんに多く集まっていただいて、東京地検に激励とお願いを込めて、訴えていきたいと考えています。

道下：ありがとうございます。で、大飯《おおい》は昨年、再稼動されてしまいましたし、今、自民党政権になってまた再稼動、今度は伊方《いかた》なんじゃないか、何処なんじゃないかって噂がチラホラ聴こえてきていますけれども、今、改めて政府ですとか、東電に向けておっしゃりたいことがございますでしょうか？

類子：福島の現状はとても今も厳しいです。二年たっていますけれども、さらに厳しい状況があるって思うんですね。福島の第一原発からは一時間に一〇〇〇万ベクレルの放射性物質が放出されていると言われています。そして今度は海にですね、濾過して溜めておいた水がいっぱいになって置くところがないので、海にそれを放出するということも言われているんですね。そういう状況があります。そして四号機ですね。四号機は今、プールの中に入っている燃料を取り出すということになっていますけれども、それがいったい何時倒れて崩壊するか、それがとても心配です。十二月に大きい地震があった時にね、ガソリンスタンドに長蛇の列ができたんです。アッと言う間にね。

道下：そうなんですか。前回のガソリンの無くなったことを踏まえて。

類子：だから皆、不安の中にいるわけですね。そういうこともありますし、それから、福島の県民健康調査の検討委員会に秘密会があったということも最近、暴露されましたね。それから、鮫川《さめがわ》村というところがあるんですけれども、そこに今度は八〇〇〇ベクレル以上の、例えば稲藁ですとか、牧草ですとか、そういう農産物系の廃棄物を燃やす炉ができるんですね。その炉も環境省が今度、作ることになっているんですけれども、環境アセスメントをしないんですね。

道下：環境アセスメントをしないで強引に進める……。

類子：一時間に二〇〇キログラム以上の廃棄物を燃やす場合にはアセスメントが必要です。でも、一九九キログラムというとことで申請をしているんです。そうやってアセス逃れをしているわけですね、環境省が。たいへん怒りを覚えています。

道下：鮫川村ですよね。

類子：そうですね。さらに、最近、十六歳の少年が除染作業に就いていたということが分かったんですね。川内村というところに除染作業員の宿舎があって、そこが火事になって、怪我をした人の中に十六歳の少年がいたんです。でも、除染作業もそうですけれども原発労働者の方々もどんどん線量が高くなってね、なかなかベテランの人が働けなくなっているという状況なんですね。本当におびただしい被曝をしながらやっているので、人材もいなくなるでしょうし、その人たちの健康被害もとても心配な状況になっています。

上田：心配なことだらけですね

類子：そうですね。

上田：増えていくっていう、先が見えない状態。

類子：そうですね。

上田：そこで検察も頑張って東電の方を起訴していただきたいという、そういうことですよね。

類子：そうですね。この責任をキチンと取っていただくということがなければ、先に進むっていう、本当の復興というのは有り得ないって思うんですね。ですから、まずは責任を取って、謝るべきところは謝ってもらいたい、そして日本中の原発を脱原発にする、それが最初の一歩だって私は思っています。

道下：あとまた、福島にはＩＡＥＡが昨年、やって来たっていうこともあると思うんですが。

類子：そうですね。昨年の十二月十五日から十七日まで、ＩＡＥＡと日本政府が世界閣僚会議というものを郡山市で開いたんですね。そこに一〇〇以上の国が参加したんです。傍聴に行った仲間がいたんですけれども、ほとんどの国ですね、ナミビアとかマーシャル諸島、それからキューバを除いては、皆、「ＩＡＥＡの下に『安全』な原発を作って、そして原発を推進していく、新たに作っていく」そういう方向性を述べたと聴いています。

福島県には環境創造センターっていうものが今度できまして、二〇〇億近いお金がそこに使われるわけなんですね。それは私の家のすぐ側にできるんです。そこにＩＡＥＡが常駐するということになります。そこでいったい何が行なわれるのか、非常に心配です。チェルノブイリの時のように、健康被害がそこで隠蔽されていくのではないかっていうことをとても心配しています。

道下：武藤さんのお家の近くに作られるというのは、大変な皮肉ですよね、本当に。

類子：本当ですね。

5　私たちは繰り返される悲劇の歴史に終止符を打とうとする者たちです

〔編者より〕　二〇一三年五月三十一日、日比谷野外音楽堂での福島原発告訴団主催の集会での挨拶。この後、東京地検激励行動、東京電力本社への抗議行動が行なわれた。

気持のよい初夏の一日です。皆さん、平日の昼間であるにもかかわらず、このようにたくさんの方にお集まりいただきまして、本当に有難うございます。とても嬉しいです。

私たち、福島原発告訴団は結成から一年を経て、ますます結束も固く、今日、日比谷野音大集会、東京地検激励、東電本社抗議という連続行動のためにここに集まっています。私たちはこの一年、告訴・告発人を募ることから始め、要請行動や集会、そして署名集め、思いつくあらゆる活動を続けてきました。市民である私たちが、何故、告訴・告発をしなければならなかったのかを、もう一度、考えてみましょう。福島原発事故は私たちのささやかな日常を奪い、生きる権利を踏み躙りました。それは今なお続いています。

全体の僅か九パーセントしか終わっていない除染、その七七パーセントは目標の年間一ミリシーベルトを下回りません。そして山積みされている放射性のゴミ、心配される健康被害、食品の

日比谷野外音楽堂にて　撮影・今井明Ⓒ

流通や焼却による危険の拡大、進まない正当な賠償。そして私たちが希望を託した子ども被災者支援法には、一円の予算も付かないのです。

どうしてこのような事故が引き起こされたのか、何故、被害を拡大するようなことが行なわれ続けているのか、私たちは真相を究明し、一刻も早くこの被害を食い止めなければなりません。告訴団の一人ひとりがその責務を負っていると思います。私たちは、第二次告訴声明の中に謳いました。私たちは原発事故により故郷を離れなければならなかった者、私たちは、変わってしまった故郷で被曝しながら生きる者です。私たちは、隣人の苦しみを我が事として苦しむ者、そして私たちは、経済や企業や国の名のもとに人々に犠牲を強いるこの国で、繰り返される悲劇の歴史に終止符を打とうとする者たちです。子どもたちや若い人たち、未来世代の人たちへの、責任を果すために、立ち尽すしかないほどの甚大な被害の前にあっても、力を合わせ声を上げ続けていきましょう！

命の叫びを上げ続けていきましょう。

今日は皆さん、本当にどうも有り難うございます。

6　告訴一周年のテントあおぞら放送で

〔編者より〕二〇一三年七月二十六日の「あおぞら放送～テントひろばから」には、類子さんはプログラムされていなかった。別の用件で霞が関にいたついでに、急遽、出演することになった模様である。この日の司会はレイバーネットの松元ちえさんと、福島出身のひまわり（高橋幸子《ゆきこ》）さんであった。

松元：今日はたまたま東京にいらしたんですよね。
類子：そうなんです、実は。
松元：通りすがり的に寄っていただきましたけれども、実は今日は大変な重要な告知があるということで。
類子：はい。
松元：この告訴団のことなんですけれども、もう告訴受理から一年を迎えたそうですね。
類子：そうなんですね。七月一日で第一次告訴の受理から一年になります。
松元：そうですか。この、確か告訴をする時にいろんな反原発の支援者または仲間の皆さんから「告訴団に参加しませんか」っていうことを呼び掛けられてたと思うんですけども、何人ぐらい集まってるんですか、今？

類子：今、全国で一万四七一六人の告訴・告発人の方がいらっしゃいますね。

松元：すごいですね。で、これだけの方たちが告訴するということなんでしたけれども、まず何でそもそも最初、告訴することになったのかというのと、誰を告訴してるのかっていうことをちょっとお話しいただきたいと思うんですけれども。

類子：はい。あの、原発事故から一年がたった頃だったと思うんですけれども、まあ、様々に東京電力とか、それから国の対応が被害者のためになっていないっていうことをずっと感じていたんですね。で、様々な不思議なこともありまして、賠償を決めるのが東電であったりとかですね、それから裁判を起こした人たちが東電の罪を問えなかったりとかですね、そういうことがいろいろありまして、どうしてもこれはやはり、これだけのたくさんの被害者を出した犯罪的な事故だったのではないかっていうことがあるんですね。それでとにかく東京電力と、それから国、経産省ですね。原子力委員会と原子力保安院ですね。そういう方々、それから文科省の方々もですね。あと、御用学者と呼ばれていた、福島県に来られたアドバイザーの山下さんをはじめ、三人の学者の方々、全部で三三人と法人としての東京電力を刑事告訴したんですね。

松元：そのまあ、刑事告訴っていうのは、何で刑事告訴にしたのかっていうことなんですけど。

類子：はい、もちろんこれは損害賠償とかではなくて、罪を問うということなんですね。この原発事故が起きたっていうことは、東京電力にしてもですね、そもそもこの事故に対する対策がキチンとされていたのだろうかっていうこともあるんですね。それから事故が起きた時に人々の被害をでき得る限り少なくするだけの対策がキチンと取られただろうかっていうことがありますね。そういうことを考えると非常にこれはまあ、犯罪的というか……まあ、ＳＰＥＥＤＩの情報を出さなかったということとか、たくさんの人が無用の被曝をしたわけですよね。そういうこともありまして、東京電力にしても国にしても、この事故の責任を認めるっていう意味では、刑事罰に問うということが一番、的確ではないかと思ってました。

松元：そうですか。で、結局、告訴をして、それが受理されたっていうことで、この「受理された」っていうのは一つの重要な点だと思うんですけれども。

類子：はい。

松元：どうですか、最初は受理されると思っていました？

類子：告訴を受理しないということはあり得ないんだっていうことは弁護士さんが言っていましたけれども。

松元：ああ、そうですか。棄却はできないんですか？

類子：そうだと思うんですね。ただ、その門前でしないというのももちろんあるようなんですけれども、しっかりと「受理」っていう連絡が来るまではやはり心配でしたので、受理は一つの関門だったとは思います。

松元：するとこれ、受理されたっていうことはこれから審議されるっていうこと……そういう理解でいいんですか？

類子：捜査が始まった、始まってるっていうことなんですね。

松元：その捜査っていうのはやっぱりそれぞれ、（「強制捜査はまだか」のチラシを提示する）会社または経産省等を……。

類子：はい、この一年にですね、行なわれた捜査というのは、任意で関係者を呼んで事情聴取をするということなんですね。地検の方では何人とか誰を呼んだとかいうことは言ってませんけれども、新聞報道などによると東電の勝俣元会長とか、清水元社長とか、班目《まだらめ》安全委員会委員長とかね。

松元：懐しい名前ですね、何か。

類子：そういう方々がね、呼ばれて、随分たくさんの人が事情聴取をされているようなんですね。ただ、強制捜査というものがまだなされていないんですね。強制捜査というのは、関係機関にダーッと段ボールを持って入っていってね……。

松元：関係書類を全部、押収する……。

類子：そうですね、証拠を押収するとか身柄を拘束するとか、そういう強制力のある捜査なんですけれど、それがまだされてないということですね。で、それがされていないうちに結論を出されるというのは非常に困るな、というふうに思ってるんですね。

松元：まあ、聴取しているだけだったらね、今まで何回かやってきたことがあると思いますけど、それと同じで、刑事告訴とちょっと全然、告訴団が求めているのとは違うということですよね。

で、八月四日に今度、いわき市で集会があるんですけど、これは一年を迎えてっていうことで、報告集会なんですか？

類子：そうです。八月一日で告訴受理から一年を迎えるわけなんですけども、今まで何回も強制捜査と起訴を求めて署名活動をやったり、それから五月三十一日にも日比谷の野外音楽堂で大きな集会をやったりとか、し続けているんですけども、ついこの前の新聞報道で、一年を迎えるからそろそろ地検が結論を出すのではないだろうか、起訴まではなかなか壁が厚いのではないか、みたいな、そういう報道がされているんですけれども、やはり強制捜査っていうものをキチンとしたうえで、私たちは起訴に持っていって欲しいという、ずっとそういう強い思いがありますので、一年を迎えて、節目としても大き

チラシ　「強制捜査はまだか」

な集会をやって、私たちの思いをもう一回、再確認し合いたいという思いです。

松元：なるほど。よく、地検の前でも抗議行動されてますけども、やっぱりそういう圧力もどんどん掛けていきながら、この一年を迎えたいという感じですか？

類子：そうですね。やっぱり世論がどう盛り上がるかっていうのが、とても重要なことだと思うんですね。日本中の人がこの告訴に関心を持って見ているぞっていう、そういうものが圧力となったり、括弧付きの「激励」となったり、そういう後押しみたいなものもできたらいいなって思っておりますので、はい、そういう思いを込めて、八月四日の集会を迎えたいと思っています。

松元：まあ幾つか福島関連または原発関連で、テントもそうですけど、裁判が幾つかありますけど、そういうのも皆で関心の目を持ってるぞっていうのを裁判所側にも、それこそ地検にも知らせなきゃいけないと思うので、やっぱり私たち、ここだけではなくて、もっと外にどんどん拡げていけるような運動をこれからも一緒にしていけたらと思います。

ひまわりさんは、告訴団に参加してますか？

ひまわり：入ってます。そうですね、いわきに住んでたので、この前の日比谷野音もそうですし、全国集会も行ってるんですけども、本当に全国集会は京都とか、全国各地から来てくださって、そこで私また、京都の方とか知り合って、やっぱり、皆、声を上げて、本当に、強制捜査が入らないこと自体が、あまりにもおかしい、おかし過ぎるぐらいなふうに、未だ入ってない、そこをもっと声を大にして伝えていきたいですよね。

類子：これだけの大きな事故があり、たくさんの被害者が出て、これがそのまま罪に問えないということは本当に有り得ない、というふうに私たちは思っています。で、ぜひ八月四日の集会には告訴人でなくても、どなたでも参加できますので、たくさんの方に来ていただけたらな、と思います。

松元：残念ながら告訴人の参加は締め切っているので、集会とかまたは抗議行動に参加して、皆で支援していこうということで、皆さん、ぜひいらしてください。八月の四日はいわき……

ひまわり：いわき市の文化センターです！

7　告訴・告発人の皆さんへ：不起訴決定を受けての報告

〔編者より〕二〇一三年十月六日、かながわ県民活動サポートセンターで開かれた「福島原発告訴団報告会」より。

九月九日に東京地検から《不起訴処分》が出されたのを受けて、この横浜での集まりを皮切りに各地で同じような報告会を開いた。

どうも皆さん今日は

お休みの日にお集まりいただきまして有難うございます。先月、九月九日なんですけれども、福島原発告訴団、一万四七一六人が福島地検にした告訴には、《全員不起訴》という処分が出ました。そのことに関して、あとで詳しくお話しをしたい思います。

六月に、こんな記事がありました。事故後すぐの頃です。キャベツを作っておられる農家の方が、たくさんできたキャベツを出荷できなかったんです。それで自死をされました。この方以外にも何人もいらっしゃるんですけれども、この方のご家族は裁判を起こしました。東京電力は、自殺と事故の因果関係は認めて慰謝料や葬儀費用を支払うことになったのですが、けれども謝罪はしないというんですね。東京電力の事故後の態度は、このことに象徴されますように、事故の責任をどこまで感じているんだろうか、といったものなのですね。こういうことを随所で感じ続けてきました。

賠償の問題も、東電の主導で動いているいうことがあります。このまま再稼動の話などももち上がって、こういう状態のまま事態が進んでいったら、本当に被害者は救済されないであろう、そして、また同じような事故が起きるのかもしれない、そういうことを思いました。それで、やはりその事故の真実ですね、原因はどこにあって、そして責任は誰にあるのか、それを明らかにして、キチンと責任を取るべき人に取ってもらうというところからしか、また新たな道というのはないのではないかという思いから、結成したのが福島原発告訴団でした。で、六月に福島県民でまず一三二四人で告訴をしました。その後、全国からの告訴人を集めて、今日ここにも本当にたくさん告訴人の方がお出でになられますけれども、十一月に第二次の告訴をして、今、総勢一万四七一六人の告訴人がいます。

それが受理されて約一年たったわけなんですけれども、その間に私たちは様々な行動をしてきたんですね。これは今年の五月の三十一日ですね。東京の日比谷の野外音楽堂で平日の昼間、一〇〇〇人の方がお集まりくださいまして、やりました大きな集会です。厳正な捜査と起訴を求める大集会だったんです。署名活動もやりました、今年の一月からの全国署名、緊急署名は一〇万九〇〇〇筆に及びました。非常に短期間の間にたくさんの署名を寄せていただけました。

これは東電に行った時ですね、日比谷の野外音楽堂での集会の後に地検に行き、そして東電に行って、東電前で「東電は自首しろ！」ということを訴えていたところです。

三月にも、五月、八月にも、事あるごとに処分が出るんじゃないかっていうことが新聞で報道されてきたんですね。その度に不起訴という言葉もついてきました。「立件は難しい」とか、そういうことをずっと報道されてきて、徐々に徐々に不起訴に対する、まあ、何て言うんだろう、そういう方向性みたいなものを報道が作ってきたのではないかな、というふうに感じています。そして九月九日にとうとう不起訴の処分が出たんですね。

その不起訴の処分の出る一時間前のことです。私たちはそもそもこの案件を福島地検に告訴しました。福島地検は非常に線量の高いところにあります。今でも一マイクロシーベルトくらいあるんですね。そこで働く検察官たちも同じ被曝者です。家族も福島におられる訳です。そういう人たちに調べて欲しいという思いから福島地検に告訴したんですね。恐らく地検の方でも、いろいろ事情聴取を始めて調べてきたと思うんですけれども、不起訴処分の一時間前にですね、この案件を東京地検に移送してしまったんですね。そして東京地検の方からその一時間後に不起訴処分が出たんですね。

もともと東京地検も協力して捜査をしていたので、両方でやっていたのではありますけれども、処分は告訴したところから出るのが、まあ、普通だと思うんですね。福島から出るものだと私たちは思っていました。しかし、東京地検から出ました。このことは非常に問題を含んでいまして、

東京電力本社前で訴える福島原発告訴団　撮影・今井明©

私たちはこの告訴がたとえ不起訴に終わったとしても、その後に検察審査会まで申し立てをしましょうということを確認しておりました。検察審査会というのは、処分の出た管轄のところに申し立てるんですね。福島地検で処分が出たら、福島の検察審査会に申し立てます。

しかし、東京に移ってしまったので、これは東京の検察審査会に申し立てをしなければならなくなってしまったんですね。福島の検察審査会の場合は福島県民の中から、一人が無作為に選ばれるんですね。クジ引きのようです。福島の県民はほとんど被害者です。そういう中で検察審査会が行なわれれば、この不起訴処分に関しても告訴人に寄り添った審査をしてもらえるのではないだろうかという私たちの思いがありました。しかし、それが駄目になって、東京の検察審査会に申し立てをしなければならないということになったんですね。で、そのことは意図的にされたのではないかと私たちは感じています。

非常にがっかりしました。その処分が出た後で、地検の方から不起訴処分についての理由の説明会をしてくれるということになったんですね。九月十三日に東京地検で第一回めがありました。一五人という人数制限が付きました。そして、一時間の説明だったんですね。その後に九月二十五日に福島でも、もう一回説明会をやりますということになったんです。それで私たちは一〇〇人の会場を予約しまして、ぜひここに来て一〇〇人の福島県民の前で説明をして欲しいということを申し入れたのですけれども、それは駄目だということで、地検の中で三〇人、二時間という制限が付きました。それでその中でいろんな不起訴理由について話がされたんですね。ちょっと、そのやり取りを紹介したいと思います。

一緒に来ている事務局の佐藤に、地検役をやってもらいましょう。いいですか？　私が告訴団側の役をやります。

告：福島の事件を東京地検に移送した理由は？

検：過失の内容が共通していたため、合同で捜査を分担してきた。処分を下すにあたって、被告訴人の多くが東京に住み、東京地検が主たる捜査を担当したため、安定性、統一性の見地から東京に移送することとした。

「安定性、統一性の見地から」というのが彼らの一貫した答だったんですね。次に行きます。

告：何回も確認したはずだ、処分の通知はどこから出されるのか、と。福島だというお話だった。

検：その件には異議がある。福島で告訴された事件は福島が処分を出す。それは法的に当然の処分だと話をした。そうするかというような質問をされたわけではない。

この中で福島か東京か忘れたんですけれども、福島地検は「移送」という処分をしたということも検事が言っておりました。次へ行きます。

(1)実際には、東京での発言

告：福島の検察審査会に申し立てさせないための政治的な移送ではないのか。

検：そのような意図はない。ただし私たちは法律家であるので、東京地方検察庁で処分を出せば福島の検察審査会で検察審査会が開かれないということはもちろん、法的に知っている

知っているという質問に対しては知っているということはおっしゃっていました、検事は。次に行きますね。

告：一部報道で「結論先にありき。不起訴のための捜査だったと書かれているが、それは本当か？　――これ、九月十一日の北海道新聞に出ていたものなんですね。

検：そのような事実はない。

告：では、新聞社に抗議したのか？

検：それはしていない。個別の対応はしない。新聞社への抗議は私が判断する問題ではない。

ということでした。次へ行きます。

告：中央防災会議が推本（地震調査研究推進本部）の長期評価の公表に「今回の発表は見送る、この長期予測は信頼性が低い、相当の誤差を含んでいる」などの文言を付加するようにメールが送られたという。これが原子力村の実態ではないか？　このような圧力を加えられたということは捜査したのか？

検：中央防災会議だけでなく、様々な専門家から意見を聴いた。その詳細については捜査上の秘密なので言うことはできない。

いろいろ聴いていくと、肝腎のところになると、捜査上のことは言えないということでした。次ですね。

告：津波の高さ一五・七メートルの試算が出ていた。一番厳しい苛酷な条件の津波にも耐えられるように、対策するのが当然ではないか？

検：そのような試算があったことは知っている。ただそれは一部の意見であり、その意見が学会の定説ということではなかった。運転を止めておけばよかった、ということではなく、止めるべき義務があったかどうか、そこまでの社会的な認識があったかというのが問題だ。

はい。ということなんですね。あのう、まあちょっと、感想と言うかね、私が受けた感じは、やはり不起訴という結論が先にあってですね、それに合わせていろいろな理由を付けているという感じがしました。で、続けてですね、

告：被曝は傷害だと訴えてきたことに答がなかったが？

検：放射能による被害がこれから出るであろうことを否定はしない。しかし犯罪行為があり、過失行為が合理的疑いを持たない程度に立証できるかが問題だ。可能性がある、というだけでは足りなくて、立証できるかどうかが、判断の材料である。

ということで、健康被害に関して、まあ、これから出るであろうことは否定できないということは認めていたんですね。では次ですね。

告：なぜ強制捜査をしないのか？　任意では自分に有利な証拠しか出さないのは当然ではないか？

検：必要な捜査は尽した。東京電力はとても協力的だった。その捜査の内容については言うことはできない。

これがやりとりの一部なんです。今日のレジュメに書きましたけれど、「まるで東電の顧問弁護士さんかと思うくらい、立件できない理由を語り続ける検事たち。どのような捜査をしたかについては『詳細は言えない』の一点張り。いっさい、分かりませんでした。まあ、海渡《かいど》弁護士が『やれば避けられた事態を、やらなかった人たちを庇うために汲々とされていることが私には理解できない』と語り、それは参加した全員の気持であった」っていう感じなんですね。まあ、そういうことで、私たちはまったく納得できない理由で不起訴が決定しました。検察審査会についても、東京都民の本当に賢明な判断に託すしかないという、そんな状況になってしまいました。

これはさっきの北海道新聞の記事なんですね。この中で紹介されているのは、家宅捜索などの強制捜査を求められていたのだけれど、それを見送られた、で、それをしてしまうと起訴できると期待させてしまうということが、内部からもたらされた話なんですね。それからもう一つは、強制捜査をした方が良いのではないか、ということも言われたのだけれども、検察関係者による家宅捜索をしていないと批判されるのを恐れた検事が、東電に事前に資料を用意させた上で捜索令状を取って押収する裏技を提案したこともあった、なんていうことが書かれているんですね。で、非常にこれは、これについてすべて事実ではないということを検事は言っていました。じゃあ何故これを抗議しないのか、ということなんですね。

私たちは「これでも罪を問えないのか？」という思いが非常にしています。福島原発事故によって起こされた被害は、本当に甚大なものなんですね。奪われた命、なくなった命もたくさんありました。生業を奪われ、家を奪われ、家族もバラバラになって、地域もバラバラになるという、そういう被害がたくさんあったわけですね。福島だけでなくて、日本中にホットスポットはたくさんあります。避難をせざるをえなかった方々もたくさんおられます。そういう中で、この被害を前に誰一人責任が問われないというのはいったいどういうことなんだろう、という憤りをさらに感じます。

この処分が出るより前のことですが、私たちはブックレットを一つ作ることにしていました。告訴する時に委任状に任意で添える陳述書というものがあるんですね。自分はこういう被害を受けました、だから調べて欲しいという陳述をしてあるものなんですが、一万四〇〇〇人あまりのうち七〇〇〇通分の陳述書が寄せられていました。で、そのうち、福島県民の分が七〇〇〇通ありまして、その中から許諾を得られた方五〇人の分を選んでこのブックレットを作りました。

地検の中にこの陳述書を埋もれさせてしまってはいけないって思いました。それで本当に直前だったんですけれども、この本ができたんです。これを読んでいただけますと、福島原発事故というものが、私たちに何をもたらして、何を奪ったかということを、もう一度思い起こすことができるのではないかと思います。ぜひこれをお手に取って読んでいただければと思います。

福島原発告訴団のブックレット

十月十六日に、東京地裁の中にある検察審査会に私たちは申し立てをします。今、告訴人の皆さんには封筒でお手紙が送られていると思います。その中にこの申し立てにさらに参加してくださいということをお願いしてあります。そして委任状が入っておりますので、まだ申し込んでおられない方はぜひ、申し込んでください。そして私たちは福島にいながら、これから東京都民の方にこのことをアピールしていかなければならないんです。東京都民は今いったい何人いるのでしょうか。決めるのはたった一一人の審査員です。その一一人に何とかこの私たちの思いを届けたいというふうに思うんですね。でも検察審査会というのは、クジ引きで選ぶんですけれども、何時それが行なわれるのか、誰が選ばれたのか、というのはまったく分からないんですね。だからそういう中で皆さんには分かっていただくというのは、たいへん至難の技だと思うんですけれども、これから分かりやすいリーフレットを作って配る、それから大きな集会、そして今日のような小さな説明会などを重ねていって、皆さんにこの事実を拡げていきたいと思っています。

皆さん、ご協力をどうか宜しくお願いいたします。

第五章　人間らしく、生きるための脱原発

1　島田恵監督の「福島・六ケ所・未来への伝言」を巡って

〔編者より〕経産省前テントひろば・第二テントの主催で開かれているミニ上映会「シネマ・デ・テント」。二〇一三年五月四日は簑口季代子さんの企画で、島田恵《けい》監督の「福島・六ケ所・未来への伝言」の上映に、類子さんのトークが付くというものであった。進行役は谷田部《やたべ》裕子さん。

類子：今日でこの映画を観るのは四回目なんですけれども、何度観てもいいっていうか、胸に迫る映画かなって思います。私が島田恵監督と初めて会ったのはそれこそ、今、たった一カ所動いている大飯《おおい》原発なんですけれども、「大飯原発を海から見る」という企画があったんですね。一九八七年ぐらいのことなんですけれども、大飯原発を海から見るので船に乗ったんです。ものすごく波が高くて、パシャンパシャンって、すごかったんですね。隣で必死になって波しぶきの中を写真を撮ってる女性がいて、その人が島田恵さんでした。それが初めての出合いだったんですね。で、その後に八七年かな、ちょっともう記憶にないんですけれども、青森県で六ヶ所村のことについてのイベントがあったんですね。

大きなお祭りだったんです。牧場でやったんですけども、その時に行きまして、まだ核燃料施設が何の建物もできていなかったんですね。ズーッと広大な土地にフェンスと、それからさっきも映画に写ってましたけど、コンクリートのこういう棒が立ってますね。あれ、ちょっとずつズレて、人が入り込めないようになっているんですけれども、それが立っているだけの、ただただ広大な土地だった時代なんです。その時に六ヶ所村に行って、彼女に会いました。その時まだ島田さんは六ヶ所には暮らしてなかったんですね。東京からちょうど来ていた時です。で、それからやや、一年、二年ぐらいあって、島田さんが六ヶ所に移ったと聞きました。それから私も何度も六ヶ所村に通ったもんですから、彼女の家に泊めてもらったりして、ずっと今に至っておりますね。

谷田部：最初に六ヶ所村に行った時の印象っていうか……。

類子：あの、私はチェルノブイリの原発事故があるまで、原発についても何も知らなかった人間だったんですけれども、六ヶ所についてももちろん何も知らなかったんですね。原発の反対運動を始めながら、六ヶ所村ということが耳に聴こえてきましてね、初めて六ヶ所に行ったのが、そのイベントの時だったのね。で、その次に「核燃いらない女たちの集い」というものがあったんですよ。それが十二月のものすごい雪の積っている時で、日本中からそのことに関心を持っている女性たちが五〇人ぐらい集まったかな、合宿形式でね、集まったんですね。その時に、それこそ「グリーナムの女たち」の映画を作られた近藤和子さん[1]とか、本当にたくさんの人、菊川慶子さん[2]もね、長らく千葉に住んでられたんだけど、ちょうど六ヶ所に戻った頃でした。
そこで大きな集まりをやって、その時に、雪の中で、その広大な土地を見に行くんですけれども、本当に北の果てのようなところだなって思ったんですね。それで私はその頃、各駅停車で行ったと思うんですけど、とにかく長い長い時間を掛けて、福島からでもね、かなりの……十時間ぐらい掛かって行ったことを覚えています。で、あの……何て言うんでしたっけ、「地吹雪《じふぶき》」っていうのを、初めてそこで経験しました。真っ白になってもう何も見えなくなるっていう地吹雪をそこで体験したりして。その時はそれでも核のゴミが集められていくっていう、その実感はね、まだなかなか持てないでいたんですけども。

一九九〇年……九一年だったか、あの、その時には……最初、ウラン濃縮の工場ができて、その次に低レベルの廃棄物の貯蔵施設ができたんですけれども、その低レベルの貯蔵施設に福島から初めて低レベルのゴミが行ったんですね、核のゴミがね。で、青栄丸《せいえいまる》という船に乗って行ったんですけれども、その時に、私たちはそれにもちろん反対して、「よそにまわすな核のゴミ宣言」というのをやってね、で、そのゴミをとにかく誰かに押し付けたくない、核のゴミを押し付けたくないということで、行動したんですけれども、そうは言っても結局、何もできなかったんですね。原発の専用港から、青栄丸が出ていくのを、ちょっと小高い丘があってね、専用港が見渡せるところが原発の近くにあるんですけど、そこの上に立って、船が出ていくのを「アーッ!」って言って、見てるしかなかった。で、その時に強烈に、何て言うんだろう、日本の核エネルギー、原子力エネルギーっていうかね、それのツケをそこに回し続けているんだ、そこの犠牲の上に、日本の原発っていうのは動いているんだっていうのをしみじみ実感したんですね。

で、その前に、一九九〇年かな、本当に年代のこと覚えてないんですけども、六ヶ所村の核燃料サイクル施設というのは一番最初にウラン濃縮工場ができました。[3]その時に初めて六ヶ所村に放射性物質が入るっていう時があったんですね。ウランを濃縮する前の六フッ化ウランというものを大井埠頭[4]から運んだんですね。その頃、東京は東京で、その埠頭に燃料が着くのをずっと監視している人たちがいて、そして私たちは途中でそれを追っかけてウオッチしたりとかね、それから六ヶ所村に行って、それをどうやって迎えるというかね、迎えたくはないんだけれども、どうやってどこで止めるかっていうことなどをね、相談していたんです。

私が六ヶ所村に関心を持った時はね、一九八六年[5]以降ですけれども、さっき映画の中にも写っていた海洋調査とか、海域調査とか、あのように農業者とか漁業者の人たちのね、熾烈なものすごい反対がほぼ下火になっていた時だったんですね。もう本当にすごい反対運動やりながら、そ

(1)「グリーナムの女たち」はビーバン・キドロン監督のイギリス映画で、批評家の近藤和子さんは、日本語版の制作スタッフ。
(2)六ケ所に在住、「花とハーブの里」を主宰。
(3)六ヶ所村の濃縮施設は、一九八八年に着工、創業開始は一九九二年。
(4)東京港のもっとも主要な埠頭。
(5)チェルノブイリ事故は同年の四月二十六日。

れを切り崩されていった歴史が六ヶ所村にはあって、それが段々、漁業権もね、売らざるを得なくなって、そして核燃ができてくる、そういう時代を経た、その後の時代なんですね。

その六フッ化ウランが初めて搬入されるっていうことになって、それでも皆あらゆる手を尽くして反対するんですけれども、もうトラックがやって来るっていうところまできちゃったんですね。それが九月頃だったと思うんですけれども、その年の八月に、さっき初めて行った時のとはまた別の「いのちの祭り」という大きなお祭りをやったんですね。一九八八年に八ヶ岳で初めてやったお祭りの流れだったんですけれども、それが六ヶ所村であったんですね。九〇年だったかな？

大きな牧場を借りて、そこで何日もキャンプしながらね、大きな……音楽をやったりとか、劇をやったりとかね、そんなお祭りだったんですけれども、私たちはね、「核燃いらない女たち」というので毎晩毎晩、夜ね、話し合いをもったんですよ。大きな納屋で、裸電球を灯して、女たちが五〇人ぐらいその場所に集まって、そしてどうやったらそのトラックを止められるかって話し合いをしたんですね。で、私はすごく大好きなボ・ガンボスのライブをあっちでやっているし、向こうで誰か歌ってるし、すごく気が気でなかったんで途中で抜けたりしたんだけども、それでも何日間かその話し合いをして、そして女たちのキャンプをしようということになったんですね。その時に、以前見たグリーナムの女たちのキャンプのことを思い出して、ああいうことをやりたい、っていうことを言ったんですね。

で、その時ちょうど菊川さんとか、もう住んでいた島田恵ちゃんとか、いろんな方に相談をしていくんですけども、なかなか、男性たちには不評だったんですね。なかなか受け入れられなかったんだけれど、とにかくもう、やろうっていうことで、女たちで、小泉金吾さんっていう方の敷地をお借りしてそこにテントを張りました。小泉さんはもう亡くなられたんですが、反対運動をやってこられた方です。そこで一カ月間のキャンプをするんですけれども、その間に台風が三回来たんですね。それでテントが全部倒れたりして、もう朝起きたらビショビショになってるところで寝ていたりとかね。そんなことがありましたけれど、でも村の人たちがね、毎晩ではないんだけど、時々やって来てはおいしいお刺身とかね、それからイカとかね、ウニの塩辛とかね、食べたこともなかったようなすごく美味しいものをいっぱい持ってきてくれて、そうして、キャンプしました。

ちょうど九月の二十何日だったかな……七日かな、その日にトラックが来るっていう連絡が大井埠頭から入って、で、私たちは六ヶ所村でそれを迎えたんですね。さっき映像の中に写真があったと思うんですけども、ものすごいクルマの隊列がズーッと道路の向こうからやって来て、それを止めるために皆で何日も何日も計画を練ってですね、この歌を歌ったら、皆、大勢いる中からそっと抜けよう、で、この歌を歌ったら道路に出よう、この歌を歌ったら寝転ぼう、この歌を歌ったら撤退しよう……そういうのを決めたんですね。それで、歌の合図とともに、三々五々、隊列から抜けて、そして道路の前の方へ行って座り込んだっていうふうだったんです。

これ（写真集を出して）、島田さんが撮った写真集、「六ヶ所村[6]」っていうのが、今は絶版になってるみたいなんですけれども、この中にその時の女たちの写真も何枚か入って……。

簑口：この菊川さんの本に（「六ヶ所村ふるさとを吹く風[7]」を示す）使われているのも全部、島田さんのですね。

類子：はいはい。そうですね。後で御覧くださいね。（簑口さんが開いたページを指して）そうです、このシーンですね。

簑口：この中に、類子さん、いらっしゃるんですか？

類子：ここにいます。

簑口：あ！

谷田部：これが?!

類子：まだ若かりし頃だったんです、四十代。

谷田部：どこにいるのかな、と思って、実は私、捜したんですけども気がつかなかった。

類子：ここにもいるかなあ。

谷田部：前にね、いつ聞いたんだったか、類子さんからね、最初の行動に出る時はやっぱり足がすくんだって

類子：そうですね……この時ですね。……すごく怖かったですね。一歩踏み出すということがね。

谷田部：ズラっと一列に並んでいる、あの、機動隊……。
類子：そうですね。
谷田部：怖いですよね。私も、少ない経験で、一、二回あるんです、怖いですよね。怖いですね、本当に。
類子：ええ、何かやっぱり、制服を着て、同じ恰好をした人たちが楯を持ってズラーって、こう並んでるっていうのは。本当は一人ひとりはね、多分、怖くない人たちなんだろうけども、そういう何て言うか、ちょっと無機質な感じがね……。その後、何回か六ヶ所には行っていて……何回か、何十回か、行ってるんですけども、……六フッ化ウランが入って、そして青栄丸が入って、そしてそれから高レベルが返ってくるんですね。あれは何年だったかな、やっぱり九三年ぐらいですかね、その時に、さっき映画の中に銀色のキャスク[8]から雨がワーッと蒸発している写真がありましたよね。あの時も、その場におりました。その時はすごい雨が降っていたんですね。まだ熱いそのキャスクから、水蒸気がバーッと一瞬、上がって「ああ、こんなに熱いものなんだな、まだ熱を出してるものなんだな」って、すごく実感したんです。その時もすごい揉み苦茶の、揉み合いになって、随分、ズルズルと引っ張られたりなんかしたんですけれども、あの、ち

（6）島田恵著『六ヶ所村――核燃基地のある村と人々』高文研、二〇〇一年刊
（7）菊川慶子著『六ヶ所村ふるさとを吹く風』影書房、二〇一〇年刊
（8）使用済み燃料の運搬容器。直径二・五メートル前後、長さ五メートル前後の円筒で、表面にはラジエターのような襞があって熱を逃しやすくしてある。

ょっと私の本に書いてあるんですけれども、私たち、「三大女」っていうのがいたんですね。今、新潟に住んでいる小木曽《おぎそ》茂子さんっていう人と、札幌に住んでる谷百合子さんっていう人、それに私が「三大女」って呼ばれていて、すごく体が大きかったんで、なかなか排除されるにも、とってもたいへんだったんですね。あの、四人がかりぐらいで、エイッと持ち上げられて、引っ張られていくんですけど、その時、ひょっと隣りを見たら、菊川慶子さんがたった二人の警官に持ち上げられてサーっと（笑）草むらに置かれちゃってるのを、エッとね、横で見ていて、何で私はこんなに引っ張られるんだろうって。

谷田部：あの、花を差し出したっていうのは？

類子：それはね、二回目の六フッ化ウランの搬入の時でした。一回目は何とか道路に出て、結局は五十分しかトラックは止められなかったんですけども、何とか道路に出ることができたんですね。二回目の時はもっと警備が強化されていて、本当に道路脇に一列に並んでいるから、私たち、入れなかったんですね。入れなくて、なかなか、こう機会をうかがうんだけど、道路に出ることができなくて、そして、警官の人たちがズラーッと並んでいるところにもう、対峙したんですね、ずっと並んでね。その中で皆、野の花を持っていたんだけれども、その花を機動隊の人の胸ポケットに入れて、歌をズーッと歌い続けていたんです。

簑口：どんな歌を歌ったんですか？

類子：ええとね、いろいろあったんだけど、「原っぱ」なんていうのね、その頃、後藤仁美さんっていう人が名古屋に住んでらして、その人が作ってくれた歌ですね。それからあと、「原発はいらない」とか、グリーナムコモンの歌を日本語に訳した歌とか。

谷田部：あの、３・11の後、ここで最初に座り込みやった時に、よく皆で女たちが歌った、あの「原発いらない……六ヶ所、女テントの歌」……。

類子：「あなたが大好きだから……」っていうのね。あれも六ヶ所で歌っていた歌ですね。

谷田部：その頃できた歌？

類子：そうだと思う

谷田部：厳しい中にもやっぱり歌ったり花があったりっていうのが……。

類子：そうですね。最初に座り込みやった……六ヶ所でやった時は、もう秋だったので、ほとんど花があまりなくて、それで村じゅうをまわったら枯れたアジサイがあったんですね。アジサイって枯れても、こう花が付いてるじゃないですか。それをね、菊川さんがたくさん、どこからか……回ってね、摘んできて、それを皆で……。

谷田部：私は臨界事故があって、それが切っ掛けで六ヶ所村に何回か……菊川さんの家の牛小屋に泊めさせてもらって、その時に古い方の家に行って……たくさんのバナーが、いろんな人が集まっては描いたバナーがズーッと飾られていて、その時、古いフィルムを見せてもらったんです。誰かが何かで撮ってくれてたのを後になって「こういう記録があるよ」っていうことで……詳しいこと分かんないんですけど、その時にたくさんの女たちがね、地べたに座って、皆でジーッと、あれは見上げてるんですよね、機動隊の人をね。それを見てすごくね、驚きましたね、私は。あのう、臨界事故に遭うまでは、心配はしていても東海村のエリアにいたので、口に出すと、さっき中にもありましたけれど、働いている人がいるっていう、その人たちの仕事を奪うことはできないっていうプレッシャーと、やっぱり嫌だっていう思いとの中でなかなか行動することができないで暮らしていたので、あの六ヶ所での搬入阻止での女たちのあの動きを見た時は「やっぱり、動かないと、自分が行動しないと駄目なんだ、ストップできないんだっていうことがすごく印象的でした。すごいな！　って。さっきの映画見てても一番思ったのは、「皆の悔しさが詰まっている！」と思いました。

類子：本当に六ヶ所村の中……どこの原発もそうですけれどもやっぱりその、生活をそれによって立てている人とね、それとやっぱり「危険だ」と思う人々との間のね、その、葛藤みたいなものがあるし、その矛盾みたいなものをどこも抱えてずっと運動をやってきてるんだなっていうことがありますよね。で、私たちがそのキャンプをやった時も地元の人たちがどれくらいそのことを……どう思っているのかっていうことを……とても心配だったのね。で、表立ってはやっぱりそこに参加して下さった地元の人たちってそんなにたくさんはいなかったんですね。それはやっぱり、地元からちょっと遊離した運動だったのかもしれないし、でも夜になるとね、そうやってイカ持ってきてくれたり、何か持ってきてくれたりして、「頑張ってね！」って言ってくれた人たちもいたし……って言うか、ねえ、複雑ですよね。今でもそうだけれども、福島の中でも、私たちの告訴の時もね、実際、原発事故で一番怒りを強く感じている人でも、なかなか参加できなかったりっていうのがあるんですね。

それはやっぱり原発で働いている人たちがまだ圧倒的にいたっていうこと。自分だけじゃなくて家族とか親戚の中にそういう方がいたっていうこと、そういう苦渋の中、矛盾とか、複雑な状況の中で何かをしていくっていうのは本当に丁寧にやらないと、誰かを傷つけることになると思いますよね。

谷田部：行動を起こす強さを持つことと、丁寧さを軽んじることとは、同じではないっていうふうに、よく思います、最近。難しいですけれどもね。妥協するのではなく、丁寧に伝えていくっていうのはこれからますます必要なんだなって思いますけれど……

類子：島田さんの映画はね、そのへんを丁寧に描いているなっていうふうに思いましたね。でね、ちょうど3・11の半年ぐらい前から島田さんはこの映画に取り組んだんですね。彼女は……

谷田部：え？　前から？

類子：そうですよね。でね、十二年ずっと六ヶ所村に住んでね、六ヶ所村の人たちを撮り続けて、村の人の表情とかね、すごくいい写真がいっぱいあるんですね。この核燃だけじゃなくて、村の人の暮らしをずっと見ながら、写真を撮り続けてきてその間はやっぱりすごくたいへんだったんですよ、彼女自身もね。私たちもよく行ったけれども、とってもやっぱりたいへんな思いの中でやってきて、そして少しでも核燃に頼らない産業を作りたいっていうことね。イクラの醤油漬けとか、トバとか、鮭とか、そういうものを都会に販売する仕事をやったりとか、あと菊川さんは菊川さんでチューリップの農園を作ったりとか、そういうことをずっとしながら、やってきてたのね、彼女たちはね。

それで、まあ、核燃の施設がどんどんできて再処理工場もできていって、その工場は今も動いてはいないけれども、そういうものがどんどん進んでいく中でやっぱり、誰もこれを止めなかったわけじゃないんだっていうことを言いたかったんだと思いますね。で、本当にたくさんの反対してきた人たちがいたっていう、その記録を撮りたいっていうことを言ってたんですね、ずっと。で、ちょうど映画を撮るっていう決意をしたって、彼女は六ヶ所から東京に戻ってから、暫くね、お父さんの看病とかいろんなことがあったものだから、ずっとおうちにいらしたんですけれども、でもやっぱり私は映画を撮りたいっていうことをある時に言って、そして始まったプロジェクトだったんですね。で、この映画は本当に資金も何もないところから運動仲間が集まって、そして助けて、支援をしながらやってきたっていう映画で、で、撮り始めて、暫くして3・11が起きたんですね。島田さんはその時にやっぱりすごく落ち込んだり、悩んだりして、「私が映画を撮っている場合だろうか?」ってことを言ってたんですね。でも、「やっぱり、よくよく考えたけれど、私はこの映画を撮ることで原発、そして核燃料のことを皆に訴えていく、その役目だろう」っていうことで、それでやっぱり撮るっていうことを決めたのね。それから福島にも何度も映像を撮りに来て、三春の滝桜って、私の住んでるところの桜が（この映画に）写っていたんですけれども、いろんな方も紹介したし……すごく苦労して撮られた映画でしたね。何度も何度も編集し直してね。何回も何回も編集会議っていうものを開きながら作り上げていった映画ですね。日比谷のコンベンションホールで私は最終的に見たんですけれども、非常にいい映画になったなあ、と思いました。

谷田部：福島で集会やデモに行った時とか、ひょっと見ると、「あ、島田さんか来て撮ってる」って、何度か思いました。小柄な体なのにね、あの重たそうなカメラを持ってね、歩いて……。

簑口：丁寧に作っていらっしゃるっていうお話しでしたけれど、武藤さん、個人的に知っている中で、こういうところが島田さんらしいなって感じるところってどこでしたか？

類子：そうですね、人の表情とかね、非常によく写してくれるっていうのと、話を……多分、すごく良く話を聴いているんだと思うんですね、あの、撮る方のね。それで、その人の一番言いたいことを掌握してるっていう感じがしますよね。あと、やっぱり写真家なので、映像がすごく綺麗だっていうか、美しい映画でしたね、映像でしたね。

谷田部：時間の厚みと、ずうっとその場にいた継続的な寄り添った気持っていうか、それはすごく感じました。いいドキュメンタリーの映画はたくさん他にもありますけど、登場する人たちと撮っている島田さんとの一緒に存在してきた感じっていうのがこんなに伝わってくる作品はそんなにないって思いますね。

類子：そうですね、六ヶ所村って福島から行っても、とても遠い感じがしてたんですけれども、何回も何回も行くうちに、さほどの距離を感じなくなっていって、３・11の原発事故が起きた時に思ったのは、六ヶ所と私はすごく繋がりあいたいとその時、思ったんですね、再び繋がりたいっていうことをその時思いました。多分、どちらも恐らく核のゴミ棄て場にされていくんだろうなっていうのがすごくあるんですね。福島もそうかもしれないと思いますし、六ヶ所も既にそうであるということですよね。それで一番行きたい場所があそこだったんだけど、実は（３・11以後は）一回も行けてないんですね、まだね。

六ヶ所村でアクティブ試験って言ってね、再処理工場の施設に結局、放射性物質が入ってしまって、試験操業をやってたわけですよね。そして操業を始めてそして停まったんだけど、たとえ一回でもそれを使ってしまったことによって、もちろんあそこの施設から放射能は出たわけですね。それで、ものすごく高い排気塔があるんですけれど、ある時に出すんだそうです、それがどういう時なんだか分からないんだけれども。それが農作物とかに影響があったっていうことは事実となってはいるんですね。

ただ、今は止まっているので、それ以上のものは出ていないって思いますけれども、あの、結局ほら、さっき映画の中で菅さんの時にはね、「原子力政策を見直していこう」ということが言われたわけだけれども、でも六ヶ所村だけはやるってことにはなってたんですよ。で、その時に青森県知事だったかな、六ヶ所村の村長だったかな、ちょっと忘れちゃったんだけど、そんなふうにして「核燃やめる」って言う前に、もし核燃をこれでやめるようだったならば、自分たちのところに来た使用済みの核燃料を戻すっていうことを言ったんですね(9)。で、私、それを聴いた時に、じゃ、そうすればいいじゃない、戻せばいいじゃない、そしたらね、もう各原発はね、動かない、満杯になって動かせなくなるっていうことで……そういうふうに思ったんだけど、それは結局、そうはならなかったんではありますけど。だから六ヶ所村は結局は何があってもやろうという政府の姿勢というのがあるんですよね、きっとね。でも、現実的に多分、無理だと思いますけれども。でも、すごい無駄なお金を使い続けて、やり続けていくんだろうかって思いますよね。

Q：フランスのアレヴァ社か何かのあれを取り込んでやっているっていうね、だからそのガラス固化体っていうのも日本でその何とかでそれが全部失敗してきて、だから動いてないし、これがこれから成功するとは誰も思ってないのよね。

類子：そうですね。ガラス固化は。

谷田部：理屈が通っているか通ってないかではなくて、こう政治的に必要だからっていうことが、つくづく、このあたりのことで分かりましたし、本当にどうやってったらいいのかっていうことは、漁業をしてる方の話だとか　息子さんに農地を引き継ぎたい方も、どうやっていったらいいいか。それがやっぱり六ヶ所の五〇人の女たちが集まって　どうやって止めようかって話しあった時にも、自分たちのできることの中からしかやっぱり考えられなかったし、今もそうだ、と

(9) 二〇一二年九月七日に、六ヶ所村村議会で議決された決議である。

思うんですけれど、どうしていったらいいのかは、やっぱり皆で考えるべき時期に来ていて、河原、何て読むんですか？

類子・簑口：まなみさん[10]

谷田部：その河原さんが「すごく良くなるか、ものすごく駄目になるかの、今、転換点だと思う」って言ってたの、つくづくそう思って、水際土壇場ギリギリの最後のチャンスなのかなって思うので、何とかしていきたいと思うんです。

類子：あれですよね、六ヶ所は活断層のことは前から言われているし、とにかくあそこにある使用済み核燃料の量というものを考えると、やっぱり何かが起きた時にとんでもない大惨事になるのは間違いないですよね。それはもう今までの原発もそうですけど、やっぱり下北半島っていうのは大変なところになってしまったんですよね。ちょうど六ヶ所に行く時って、三沢っていうところで降りて行くんですけれども、三沢基地という基地があるんですね[11]。そこで、何という名のものなのかな、あの象の檻[12]みたいなね、ああいうものがズラーっと並んでいるところを通って行くんですけれども、下北半島には石油備蓄基地があり、射爆場があり、むつに行けば原子力船があったし、今度本当に様々な核施設があそこに集約されて、それが本当に日本中の核のゴミ捨て場みたいなね、そういうところになりつつあるという、本当に悲しいけれども……何かね、そんことをただ見ているわけにはいかないなあと思って。

谷田部：あのう……滝口[13]さんが「それでも曲げなかった」って誇りに思ってるっていうふうに

考えると……達成できるかって考えると、もう絶望的というか自信がないんだけれど、せめて死ぬまでね、その誇りの持てる生き方をしたっていうふうにでも思わないと。

類子：ちょうど私たちが六ヶ所に行った頃はね、もうだいぶその長年、運動をちゃんとやってこられた男性の人が皆、お爺ちゃんになっててね、でも、女たちとよくつきあってくれて、いろんな話をしてくれてたりとかね、半分は聴き取れないんですけど、難しくて、あの人たちの反対への道があった、その後に私たちは行ったんだなってことをすごく思いますね。福島もね、こんなことになってしまって、もうどんどん今、酷い状況がいっぱい続いているんです。次々に問題が起きてきてるんですね。本当にこんなにいろいろなことが起きてきて、どうしたらいいんだろうか、分からない、呆然としてしまうことがたくさんあるんですけれども、ちょっとやっぱり、この状況の中で少しでも止めていかないと、汚れた大地の雑巾掛けのような気持なんだけれども。

谷田部：今、福島は新緑がすごくきれいで、もう、山いっぱい新緑できれいですよね、今ね。

(10) 河原愛美さんは、この映画の中心的な登場人物の一人。
(11) 三沢対地射爆撃場は、三沢市にあり、自衛隊と米軍が共同使用している。小河原湖から海に注ぐ高瀬川の右岸。五四平方キロという広大な面積を占める。
(12) 三沢基地には、高さ三七メートル、直径約四〇〇メートルの巨大なアンテナが存在し、象の檻と呼ばれていた。同様のものは、沖縄の読谷村にもあった。
(13) 滝口さんは、この映画の中心的な登場人物の一人。

類子：そうなんです。そして山菜がね。いっぱい採れる時季なんですよ。
谷田部：悔しいです、食べられないのが。
類子：今、タラの芽が、うちの回りのタラの芽がこういうふうに膨らんできてね、あと、ウルイとかね、コゴミとかね、これから食べられるものが山ほど。
谷田部：うちの庭のゼンマイは採らずにいるので、こんなに大きくなっちゃって。(14)
類子：食べものの恨みは……（笑い）。
Q：島田さんって今、どうされてるんですか？
類子：島田さんは今、東京に住んでおられます。この映画があちこちで決まったものだから、それを上映したりとか、されています。
Q：この映画は現地ではやったんですか？
類子：六ヶ所ではやったそうです。すごい吹雪の日だったそうです。今まで、あとは北海道とか、福島でもやったんですね。福島では加藤登紀子さんが来てくれて、すごいたくさん来たんです。盛況でした。
谷田部：北海道でやった時はやっぱり吹雪だったんだそうです。それでも四〇〇人、吹雪の中、満席近く、人が来てくれたって……。
Q：この映画は六ヶ所での反応ってどうだったんですかね？
谷田部：そうですねえ。

Q：微妙じゃないですか。原発とはちょっと違うから、何かそうすると福島の後だから、でもちょっと、うち、違うからって言うような気分を持っている地元の人というか、その、敢えて目を逸らしたいというのが人間だから、そういう反応っていうのはどうなのかなって……。反原発にハスに構えているような人にももってこいの映画だと思いますし。

谷田部：そう思います。そしていろいろな立場の人の声が載っているのがいいですよね。その、「暮らしている人がいるから」って、仕事のこともあるからっていうのも出てくるし、それでも決断が必要だろうって言ってたり。

簑口：この映画を支えた人たちっていうのは、やっぱり六ヶ所で、現地で会って繋がった人たちが中心ですね？

類子：ええ、ええ。そうですね。

簑口：女たちのキャンプでだったりとか？

類子：うん。女性だけではないんですけど、やっぱり六ヶ所で会った人たちですね。

簑口：皆、六ヶ所に行けば何時も島田さんがいたなっていう思いが皆あるんだと思うし。

類子：ええ。

谷田部：長く反対をしたり、暮らしの中でね、反対する人たちだから、やっぱり諦めないで続

（14）オオバギボウシの若葉

けていくんじゃないかなって。
類子：女たちのキャンプっていうのはね、本当に楽しかったんですね。とっても問題は深刻ではありましたけれども、海辺でね、歌を作ったり、非暴力のトレーニングをやったり、皆でご飯を作ったり。
谷田部：あかつき丸(15)のキャンプの時も女たちですか？
類子：そうですね、女たちもいたし、男たちもいたんだけど、あそこにいらっしゃる……あ、御免なさい、あかつき丸の時ではなかったでしたっけ。
Q：二本松の関さんと、六ヶ所からもんじゅへリレーして走った時に。
類子：東海村にもいなかった？
Q：東海村もいた。
類子：いたよね。そうだよね。同じテントに泊ったのよ。
Q：もうさっきのお話だと、長い期間やったんでしょう？　何日も何日も。どんなふうにして……一ヵ月。
類子：それはもう、ずっといる人もいればばん入れ替わり立ち替わり来る人もいて、私は仕事してたのでね、週末に帰って、金曜日の夜になるとパッと一四〇キロぐらいで飛ばして、で、月曜日の朝に帰ってくる
Q：なんかすごいなあ、そんなに長い間。

谷田部：命の祭りっていうのは、多分、その十年後に……。
Q：去年やったのよ、去年。
谷田部：私ね、二〇〇〇年か二〇〇一年か、一回目があって、十年たったからっていうので信濃大町の命の祭り、すごい楽しかった。それが十何年後……。
Q：去年ね、富士山の朝霧高原っていうところであったんですけれどね。
谷田部：続いているんですね。
Q：そうそう。そいでやっぱり3・11の後に、まあ、やらなくっちゃと思って、ということをおっしゃってた。やっぱり盛大でした。
類子：そうですね。チェルノブイリの後にやっぱりその、自分たちの文化とか、暮らしに対するものをやっぱり見直さなくちゃならないっていうそういうのがすごく大きく盛り上がったんですね。カウンターカルチャーっていうか。
簑口：八〇年代、九〇年代、佐渡とかいろんなところで……。
類子：やはり価値観が少しずつ変わってきた人たちもいたわけですよね。それでね、チェルノブイリまでは分からなかったんだけれども、その時にちょっと篩《ふるい》にかかったというかね、スリーマイルで目覚めた人もいるし。その前で目覚めている人もいるし、そしてチェルノブイリで目覚

（15）一九九二年に、プルトニウムをフランスから日本に輸送する時に使用された船で、航路は極秘のはずだったが茨城東海村の日本原子力発電（原電）の管理する港に向かうことが暴露された。

めた人もいて、今回の福島で目覚めた人もいる。そういう人たちがやっぱり少しずつ少しずつ変えていくしかないですよね、この世界っていうものはね。

谷田部：そうですよね。情報だけでは変わらないんですって。あれほどのことが福島で起こっても情報としてニュースで見たり新聞で読んだりしてても、気持が変わらない人は変わらないわけですものね。胸の内で変わらないと行動は変わらないのかなって。

Q：でもこれから首相が中東なんかに行って、「安全な原発」――すごいこと言う――野田政権がベトナムに売り込んで、その時に、使用済み核燃料は日本が引き受けますって言ったんです。東京の新聞には出なかったんですが、青森の新聞には出たんです。そういうふうに言って、だからベトナムに輸出して、そこで出たものは六ヶ所に持って行くわけです。酷いっていうふうに出た。

Q：福島の現状を少し知らせていただけますか？

谷田部：数分で。七時を過ぎたので。

類子：そうですね、福島はあの事故から二年たったんですけれども、まず一つは原発サイトの問題もね、とても大きい問題で、一日に二億四〇〇〇万ベクレルの放射性物質がまだ空中に出ているんですよね。で、海に出ている分は多分もっともっとたくさんあるんじゃないかって思うんですね。で、東京海洋大学というところが原発の専用港、福島原発の専用港のセシウムの濃度をずっと測ってるんだけど下がらないんだと、濃度は。で、結局、出続けているんじゃないかっていうことですよね。

そして、鼠の停電事件があったりとか、水漏れもありましたよね。それで、あれも本当は土を掘ったところにゴムシートを敷いただけの、産業廃棄物を入れるようなところにストロンチウムを除去しないものを入れちゃったんですよ。ね、だからすごく線量が高いじゃないですか、水自体がね、それで労働者の人たちはそれを現実的に浴びて作業をしたりするもので、皆嫌がって辞めていく人がすごく多いんだそうですね。やっぱり空中から来る放射線っていうものは実感がないけど、水は実感があるから、すごく危険性を感じるんじゃないかと思うんですね。そうだと思うけど、それで辞めてる人がいて、多分、労働者の確保っていうのはどんどん難しくなるっていう現状があると思います。

それから除染の方の労働者たちのね、原発労働よりも除染の方がまだ浴びる線量が少ないから除染労働の方に行かれる方も多いのですけれども、除染も決して安全なものではないんですよね。この間ちょっと聴いた話なんだけれども、除染労働者の人たちってタイベックとかいろいろ、そういうものが配られないので　彼らの乗るクルマっていうのは、外の線量が〇・六ぐらいだったとして、クルマの中では桁違いの線量になっていることがあります。汚れたままクルマに乗り込むので。……それでとても、除染労働者の被曝の問題っていうのはとっても深刻だと思っているんですね。

その除染で出たゴミを持っていくところが、まだ中間貯蔵施設が決まってないので、仮置き場も決まってないところと決まってるところとあるんですね。それで、ある通りをずうっと行くとフレコンバッグっていってね、これくらいの青い袋の中に入っている放射性のゴミですよね、そのの、一軒の家から出た土とか、木の葉っぱとか、それから枝を外したものとか、そういうものがズーッと山と積まれているのが、点々と、あるんですね。それは自分の家の……家からはなるべく遠くに置きたいじゃないですか。そうすると隣りの家の近くになるとかね。そういうことでいろいろな軋轢ができたりとかしているんです。そういうふうに持っていくところがないんでずっと道路際にこう置いてあって、そこを子どもたちが通っていったりとか、そんな感じですよね。で、私もそこの近くに行って、たまたま線量計持ってたのでそこで測ったら、やっぱり二マイクロシーベルトくらいあるんですね。フレコンバッグが積まれている場所です。線量が高くなって、そこは一応綱が張ってあって、中に入ってはいけません、っていうふうになっているんですけれども、そんなものがズーッと続いているというのが福島の様子、ある風景ですね。

私の町もこれから除染が始まるんですけれども、ようやく仮置き場が決まったらしいみたいなことを言っていたんですね。でも敷地が広いところはいいんだけど、町の中だとそれこそ置くところがないので自分の家の庭に穴を掘って、出てきた廃棄物を入れてまた土を被せるってところもあるし、それから庭のないところは、自分の家のそれこそ台所の脇にそのフレコンバッグがバーッと置いてあってブルーシートを敷いてあったり、掛けたり、そんなところがありますね。

それから、いろんなことが起きていて、うちの近くに環境創造センターという、福島県が作るものができるんですね。そこに去年の十二月に世界閣僚会議をやったＩＡＥＡが常駐するっていうことなので。この去年（二〇一二年）の十二月のＩＡＥＡの会議というのは、先ほどもおっしゃっていたように、安全な原発を作る、新しい安全な原発を作って、それを推進していく、そして、アフリカなんかの場合はね、皆、それを輸入して経済発展していくということを一〇〇カ国くらいが次々にそういう演説をしたんですね。やっぱり原発危いから止めようって言ったのは、ナミビアとかマーシャル諸島とかキューバとかアイスランドもそうだったと思うんですけれど、少数の国以外は、皆、そうやって原発を、新しい安全な原発ということを言っているようですね。

で、そういう会を開いたＩＡＥＡが福島にやって来て、いったいこれから何をするんだろう、福島県と協定を結び、また福島県立医大と協定を結んでいるんです。ＩＡＥＡはこれから、チェルノブイリの原発事故の時にやったように、データとか研究とか、被害の事実とかそういうものを、公式発表として出させないような、そういうことが行なわれるのではないかという懸念があります。

それから、あ、これですね、ここにお配りしているもので、鮫川村というところにできる八〇〇〇ベクレル以上の農林関係の廃棄物、例えば稲藁とか牧草とか、そういうものが全部、山と積まれて棄てることもできず焼却場で燃やすこともできないものがいっぱい積まれているんですね。それを燃やして体積を減らして、そうするとこう、灰が高濃度に濃縮されていくんですけれどもそこにさらに今度、汚染の少ないものを混ぜてコンクリート固化して地下に埋めるっていう、そういう実験をするんですね。その実験焼却所ができつつあるんですね。で、これは村の人たちが本当に分からないうちに水面下で密かに作られてきて、非常に問題なんですね。それで気が付いた時にはもう、焼却炉ができる基礎なんかができてしまっていたという……それで気がついた村人たちが、……隣村の人かな、反対運動を始めたんですね。で、ここがいわき市というところと、隣の茨城県の水源地になっているところなんですね。とても湧き水がいっぱい出るところなんですね。それで、水源が汚されてはたいへんだということで、反対運動が始まったんです。ついこの間には、地権者だけには合意を取っていたんだけれど、地権者の三分の二が引っくり返したんですね、合意を止めます、ということで。それで一旦、工事が中止されてはいるんです。でも、それを切り崩すことに、村長はやる気満々なのね。

2　やさしく怒りをこめて

〔編者より〕女性人権活動奨励賞「やより賞」は、松井やよりさんの遺志と基金によるものだが、その第九回受賞者に類子さんが選ばれ、二〇一三年十二月七日、東京・早稲田奉仕園で授賞式があった。

本日はこのような素晴らしい賞をいただき、言葉には表せないほどに光栄に思い、感謝しております。そして、松井やよりさんが遺された数々の意味深いお仕事と、女性人権活動奨励事業を運営されてこられたスタッフのみなさんに敬意を表します。

私が松井やよりさんを知ったのは「アジア・女・民衆」と言う本(1)からです。随分前のことですが、あまりに心惹かれるタイトルに木屋さんで手に取りました。松井さんを深く存じあげてはいないのですが、女性国際戦犯法廷など本当に大切な仕事をなさっているのだと憧れておりました。だから本当は身の縮む思いです。このような私を推薦して下さったみなさんに、心から感謝致し

（1）草風館、一九八八年刊

松井やより賞授賞式　撮影・片山薫©

ます。受賞に恥じない生き方をしたいと思います。

しかし一方で、私の受賞は、東京電力福島原発事故が起きなければなかったことだと思います。この意味と重さを心に刻みたいと思います。そしてまた、この賞は私だけに与えられたものだとは思っておりません。この事故により立ち上がったすべての女性に贈られたものだと思います。

事故後私は日本各地、そしてアメリカや韓国を回り福島の実情を話す旅をして来ました。どこへ行っても、力強い素敵な女たちに出会います。心優しく明晰な女たちがさまざまな活動のリーダーシップをとっています。

「女たち」と言うキーワードが、この世

界を変えていくのに「何だか大事かもしれない」と私が思ったのは、今から二十五年くらい前に「グリーナムコモンの女たち」(2)と言う映画を観た時からです。早速その本(3)も読みました。

私の学生時代は、女性解放がウーマンリブと言われた時代で、それなりに魔女コンサートや女性の不当解雇裁判の応援に行ったりしましたが、運動と言うよりはむしろ女友達と一緒に暮らしたり、行動したりする楽しさ、楽ちんさを発見した時代でした。

ずっと後になって、原発の反対運動に関わり始めてから「グリーナムコモンの女たち」に出会い、女たちの闘いのユニークさ、柔らかさ、力強さに惹かれていきました。

初めて行った女たちでの行動は、一九九〇年の東電福島第二原発三号機再循環ポンプ破断事故の一年後に、原子炉内に入り込んだ金属片がすべて回収されないまま再稼働されようとした時でした。リレーのハンガーストライキをやりました。小規模でしたが県内外の女たちが集まりました。

その後、青森県六ヶ所村の核燃料サイクル施設建設反対の行動に参加するようになりました。六ヶ所村の犠牲の上に日本のすべての原発があるのだと思ったからです。初めて青森県に持ち込まれる放射性物質「六フッ化ウラン」を積んだトラックの隊列を止めようと「核燃いらない女た

(2)イギリスのグリーナムにある農民共有地(コモン)に建設された米軍ミサイル基地の周辺で、一九八一年八月に女たちによって始められた包囲行動。山場には数万人規模の「人間の鎖」を実現した。その後も闘いは継続し、最終的に基地は撤去された。
(3)アリス・クック&グウィン・カーク(近藤和子訳)『グリーナムの女たち　核のない世界をめざして』八月書館、一九八四年刊

ちのキャンプ」を始めました。一カ月間キャンプをする中で、作戦を練り、歌を作り、気持ちや悩みを聞きあったりしました。その間にご飯を作り、片付けをし、まるで生活の場からの運動でした。女たちの運動が地に足を着けながらも、どこか楽しいのはいつも食べたりお喋りしたり手仕事をしながらと、自分の暮らしや生き方とそう遠くないところにあるからではないかと思います。トラックを止めるため道路に寝ころびながら、恐いと言う思いと自分の中の力を感じたことを、覚えています。

私がグリーナムコモンの女たちから学んだことがもう一つあります。それは非暴力直接行動という闘い方です。私は弁が立ちませんし、文章を書いたり、交渉したりすることは得意ではありませんが、そこに身を置くだけで、意思表示ができるというこのやり方が自分に合いました。非暴力とは単に暴力を使わないということだけではないのですね。それは怒りを冷静に伝えること、自分も相手も傷つけないこと、ユーモアを持つこと、そして自分の生き方も問うことだと学びました。

それは女たちに相応しい、優しく力強い闘い方だと思います。

東電福島原発事故後、経産省前で「原発いらない福島の女たち」の座り込みを行ないました。福島の現状を知ってほしい、原発再稼働反対、子どもを守れと福島から一一一人の女たちが上京し、三日間座り込みました。それに呼応するように全国から二〇〇〇人を超える女たちが集まってくれました。そこでも女たちは美しい毛糸で指編みをして経産省をぐるりと囲んだり、おにぎりやおやつを食べながらお喋りをし、合間にマイクを握りアピールし、経産省に申し入れ、デモをし、官邸内にも押しかけました。ここでもたくさんの女たちが出会い繋がりました。

特定秘密保護法案が信じがたい横暴さで可決され、私たちが当然知る権利がある情報が隠され、原発に関する情報も核防護の名のもとに隠ぺいされ、こどもたちや生き物たちの柔らかな命に危機が訪れる日がそう遠くないのかも知れないと暗澹たる気持ちになります。今こそ日本中の女たちが立ち上がる時だと思います。

ここで少し福島の話をさせて下さい。

東京電力福島原発事故は私たちに言い尽くせない程甚大で多様な被害をもたらしました。失われたたくさんの命たち、家、仕事。引き裂かれた家庭、地域社会。原子炉から放出されたテラという単位の桁外れの放射性物質。東電と国と自治体が行なった事故の隠ぺいと矮小化により、人々が被った、理不尽な被曝はどれ程なのでしょうか。

この被害は今も続き、拡大しています。原子炉からは、今も一時間に一〇〇〇万ベクレルの放射性物質が空気中に放出されているのです。海への汚染水放出は深刻さを増すばかりです。東電は二、三号機に流れ込んだ地下水を、タンクがいっぱいになっているので汲み上げないと言っています。一、二号機の海側の井戸から検出される汚染水は、日々放射能濃度が上がっています。問
原発サイト内では、一日三〇〇〇人の作業員がおびただしく高い線量の中で働いています。問題の汚染水を浴びることさえあるそうです。今、四号機では燃料の取り出し作業が行なわれてい

ますが、作業員がいる燃料プールの真上の線量は毎時八〇〇マイクロシーベルトです。明らかになっているところで一番高いところは毎時七三シーベルトと聞いています。原発労働は事故後下請け構造が更に多重化し搾取が横行し、危険手当ても渡っていないのがほとんどのようでした。除染もまた原発で儲けたゼネコン会社が利権を獲得し、被曝労働をしているのは、事故により仕事を失った福島県や全国での募集に集まった労働者です。あまり効果が期待できない除染で出た膨大な放射性の廃棄物は黒や青い色のフレコンバッグに詰め込まれ、耕作出来ない田んぼに積み上げられ、あるいは家の敷地の中に置かれたり、庭に埋められたりしています。フレコンバッグに放射線の測定器を近づけると周囲の一〇倍くらいの線量になります。

除染とセットになった帰還政策は新たなる分断を生んでいます。帰還困難地域には中間貯蔵施設や減容化施設が作られ、居住制限区域は動物たちや空き巣が荒らしています。

一般ゴミ焼却場問題で燃やせない高線量の廃棄物（稲わら、牧草、落ち葉など）を燃やして量を減らす減容化施設が県内に何カ所かできつつあります。しかし、環境アセスメントは行なわれず、住民の声を十分に聞こうとしないため、空中への飛散、水への影響、高濃度の灰の行方などへの不安から反対の声が上がっています。鮫川村に作られた焼却場は、焼却が始まって九日目に爆発事故を起こしました。

二〇一二年十二月には、ＩＡＥＡと日本政府との共催で「世界閣僚会議」が福島県郡山市で開かれました。一〇〇カ国以上が参加し、新しい安全な原発を作る、または輸入するとスピーチしました。ＩＡＥＡは日本政府、福島県、福島県立医大とそれぞれ協定を結びました。日本政府との協定で作られた「緊急対応能力研修センター」では、すでにワークショップが開かれ、一八カ国四〇人が参加して原発から二〇キロ圏内で測定器の使い方などを研修したようです。福島県の三春町と南相馬市に一九〇億円の復興予算を投じて「環境創造センター」が建設され、ＩＡＥＡやＪＡＥＡが常駐します。ここでは除染や廃棄物処理の研究とともに、人々への放射線「安全」教育が行なわれます。世界で二つ目だという球形スクリーンが導入され、福島県の小学生全員がそこに行くというプログラムも検討されています。

福島県は、二〇二〇年までに避難者全員をもとに戻す事を決めました。県外避難者や避難区域再編で外れた人々への支援策が打ち切られています。二重生活が立ち行かくなり福島に戻る母子避難者や、線量が下がらなくても家に帰らざるを得ない避難区域を解除された人々がいます。

昨年、議員立法により成立した「原発事故子ども・被災者支援法」は、一年間の棚ざらしの後に全く納得のいかない基本方針を出し、十月十一日に被害者たちの反対の声の中で、強行に閣議決定をしました。

二〇一一年度、二〇一二年度までの十八歳以下の甲状腺検査の結果、約二三万人中五九人が「甲状腺癌」または「癌の疑い」となっています。福島県県民健康調査では原発事故による放射能との関係はないと断定していますが、明らかな多発として原因を調べるべきだと主張する学者もいます。

国と東電の原発事故の責任を問うた福島原発告訴団一万四七一六人の告訴は、全員不起訴という処分となりました。しかも、移送と言う手続きにより福島ではなく東京地検から処分が出されたため、検察審査会には東京で申し立てしなくてはならなくなりました。十一月二十二日には、六〇〇〇人弱が第二次申し立てをしました。東京都民の皆さんの世論喚起と賢明な判断を切に期待致します。そして、ブックレット『これでも罪を問えないのですか』をぜひ広めて下さい。原発事故が私たちから何を奪い、何をもたらしたかもう一度思い起こして頂けると思います。

写真は、事故が起きる前まで山の中で細々と開いていた「里山喫茶燦《きらら》」です。五十歳の時でした。それまで間違えたり失敗したことはたくさんあるけれど、これから燦《きら》めくような人生を生きようと付けた名前でした。

私は事故以前から原発や核兵器が生み出した膨大な核物質については、絶望的な思いがしていました。しかし、自分の暮らしを見つめ、エネルギーを大切にし、なるべく自然と調和した、工夫に満ちた営みをしていくことで少しでもこの世界が変わっていかないだろうかと考えました。

太陽の光と熱、薪、森からの恵み、生き物たちのかすかな息づかい、満天の星空、与えてもらったものは数知れません。しかし、一から作り上げたこの暮らしも、原発事故で一変しました。チェルノブイリを忘れないようにと、四月二十六日に始めたこの店も、原発事故の日から休業し、十年目の二〇一三年四月二十六日に廃業しました。

森の生き物たちや木々の上にも放射性物質は降りました。地球に生きる一種類の生き物に過ぎない私たち人類が、他の生き物の命を巻き添えにして作り上げてきたこの文明社会とはいったい何なのだろうと思います。

いま私たちは生き方を問われています。

チベット仏教にターラと言う女神がいます。観音様の涙から生まれたと言われています。慈悲の神ですが、世界の悪に向かっては時に憤怒の形相で足を踏み鳴らすそうです。優しく怒りを込めて女たちがこの世界を変えていきましょう。

来年（二〇一四年）五月十一日、東京の上野水上音楽堂に日本中から女神が集い「女たち・いのちの大行進」を行ないます。

私たちは望む　差別と戦争と原発・核のない世界を
肩書のないひとりひとりの女たちが、本当のいのちの平和を創る
あなたと一緒に歩きたい　あなたと一緒に世界を変えたい

赤ちゃんからおばあちゃんまで、障害を持つ人も、先住民の人も、外国籍の人も、自分が女性だと感じる人はどうぞ集まって下さい。

私は八十九歳の母と一緒に行きます。レンタルの車椅子をたくさん借ります。肩書なしの個人の参加です。思い思いに自作のプラカードを持ち寄って下さい。今からワクワクしています。世界中で地に足をつけ闘って来た女たちがたくさんいます。私たち女性には世界を変える力があることを、今この瞬間から心に思い起こしましょう。

今日は本当にありがとうございました。

[著者略歴]

武藤類子（むとう るいこ）

福島県三春町に生まれる。版下職人、養護学校教員を経て、2003年より、喫茶店「燦（きらら）」を営んでいたが、2011年の福島第一原子力発電所の苛酷事故によって休業を余儀なくされた（後、正式に廃業）。1980年代末より、反原発運動にかかわり、六ヶ所村に通ったほか、福島県内の二つの原発を巡る様々な問題にコミットしてきた。福島脱原発ネットワーク、ハイロアクション福島原発40年のメンバーであった。2012年以後、福島原発告訴団の団長を務め、またフクシマアクションプロジェクト共同代表でもある。2012年、平和共同ジャーナリスト奨励賞、2013年には、日隅一雄・情報流通促進基金奨励賞および女性人権活動奨励賞「やより賞」を受賞した。著書に「福島からあなたへ」(2012年、大月書店)

どんぐりの森《もり》から
——原発のない世界を求めて

2014年5月25日　初版第1刷発行　　　定価1700円＋税

著　者　武藤類子 ©
発行者　高須次郎
発行所　緑風出版
〒113-0033　東京都文京区本郷2-17-5　ツイン壱岐坂
［電話］03-3812-9420　［FAX］03-3812-7262［郵便振替］00100-9-30776
［E-mail］info@ryokufu.com［URL］http://www.ryokufu.com/

装　幀　斎藤あかね　　イラスト　武藤類子
制　作　R企画　　印　刷　シナノ・巣鴨美術印刷
製　本　シナノ　　用　紙　大宝紙業・シナノ　　E1500

ISBN978-4-8461-1407-7　C0036

◎緑風出版の本

■全国どの書店でもご購入いただけます。
■店頭にない場合は、なるべく書店を通じてご注文ください。
■表示価格には消費税が加算されます。

チェルノブイリ人民法廷

ソランジュ・フェルネクス編／竹内雅文訳

四六判上製
四〇八頁
2800円

国際原子力機関（IAEA）が、甚大な被害を隠蔽しているなかで、法廷では、事故後、死亡者は数十万人に及び、様々な健康被害、畸形や障害の多発も明るみに出た。本書は、この貴重なチェルノブイリ人民法廷の全記録である。

終りのない惨劇
チェルノブイリの教訓から

ミシェル・フェルネクス／ソランジュ・フェルネクス／ロザリー・バーテル著／竹内雅文訳

四六判上製
二一六頁
2200円

チェルノブイリ原発事故による死者は、すでに数十万人だが、公式の死者数を急性被曝などの数十人しか認めない。IAEAやWHOがどのようにして死者数や健康被害を隠蔽しているのかを明らかにし、被害の実像に迫る。

原発は滅びゆく恐竜である
―水戸巌著作・講演集

水戸巌著

A5判上製
三二八頁
2800円

原子核物理学者・水戸巌は、原子力発電の危険性を力説し、彼の分析の正しさは、福島第一原発事故で悲劇として、実証された。彼の文章から、フクシマ以後の放射能汚染による人体への致命的影響が驚くべきリアルさで迫る。

原発の底で働いて
―浜岡原発と原発下請労働者の死

高杉晋吾著

四六判上製
二一六頁
2000円

浜岡原発下請労働者の死を縦糸に、浜岡原発の危険性の検証を横糸に、そして、3・11を契機に、経営者の中からも上がり始めた脱原発の声を拾い、原発のない未来を考えるルポルタージュ。世界一危険な浜岡原発は、廃炉しかない。

原発閉鎖が子どもを救う
乳歯の放射能汚染とガン
ジョセフ・ジェームズ・マンガーノ著／戸田清、竹野内真理 訳

A5判並製
二七六頁
2600円

平時においても原子炉の近くでストロンチウム90のレベルが上昇する時には、数年後に小児ガン発生率が増大すること、ストロンチウム90 のレベルが減少するときには小児ガンも減少することを統計的に明らかにした衝撃の書。

プロブレムQ＆A
どうする？ 放射能ごみ〔増補改定新版〕
［実は暮らしに直結する恐怖］
西尾漠著

A5判変並製
二〇八頁
1700円

トイレのないマンションといわれた原発のツケを子孫に残さないためにはどうすべきか？ 増補改定新版では、福島原発事故が生み出した膨大な放射能ごみ問題や廃炉の問題など新たな事態に応じ、最新データに基づき大幅に加筆。

がれき処理・除染はこれでよいのか
熊本一規、辻 芳徳共著

四六判並製
二〇〇頁
1900円

避難区域への住民の帰還推進で進められる除染事業。しかし放射性物質は除染によって減少することはない。がれき利権と除染利権に群がるゼネコンや原発関連業者。いま必要なのは放射性物質の隔離と住民の避難なのだ。

低線量内部被曝の脅威
原子炉周辺の健康破壊と疫学的立証の記録
ジェイ・マーティン・グールド著／肥田舜太郎・斎藤紀・戸田清・竹野内真理共訳

A5判上製
三八八頁
5200円

本書は、一九五〇年以来の公式資料を使い、全米三〇〇〇余の郡のうち、核施設や原子力発電所に近い約一三〇〇郡に住む女性の乳がん死亡リスクが極めて高いことを立証して、レイチェル・カーソンの予見を裏づける衝撃の書。

海の放射能汚染
湯浅一郎著

A5判上製
一九二頁
2600円

福島原発事故による海の放射能汚染をデータで解析、大気圏核爆発・再処理工場・原発等による海洋の放射能汚染と影響を総括し、放射能汚染がいかに生態系と人類を脅かすかを明らかにする。海洋環境学の第一人者の労作。